营造 别样

50 PROJETS
50 Projects
50项

50 IDEES
50 Ideas
50想

AS.Architecture-Studio
法国AS建筑工作室 编著

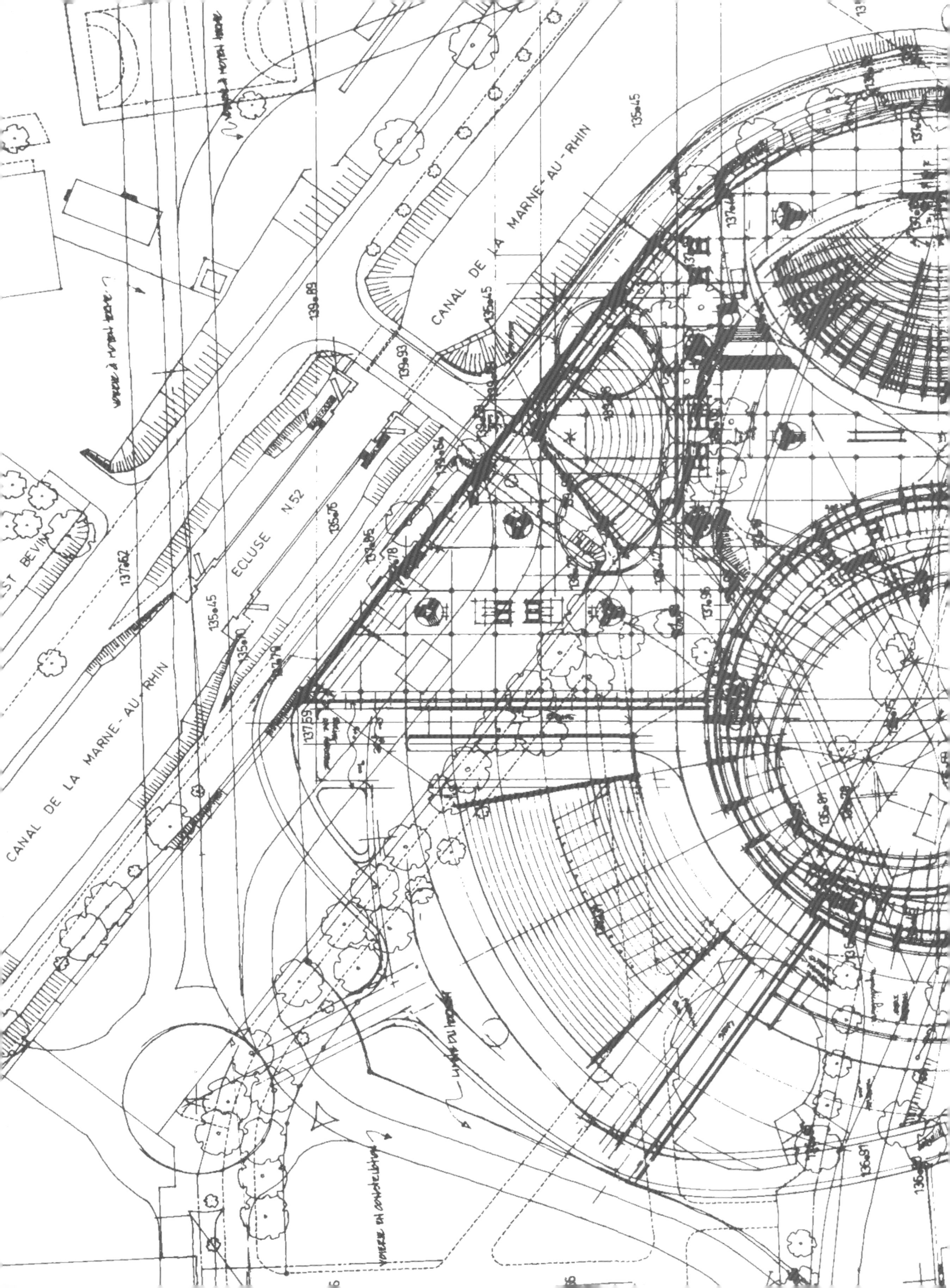

CANAL DE LA MARNE-AU-RHIN
ECLUSE N.52
CANAL DE LA MARNE-AU-RHIN
ST BEVIN

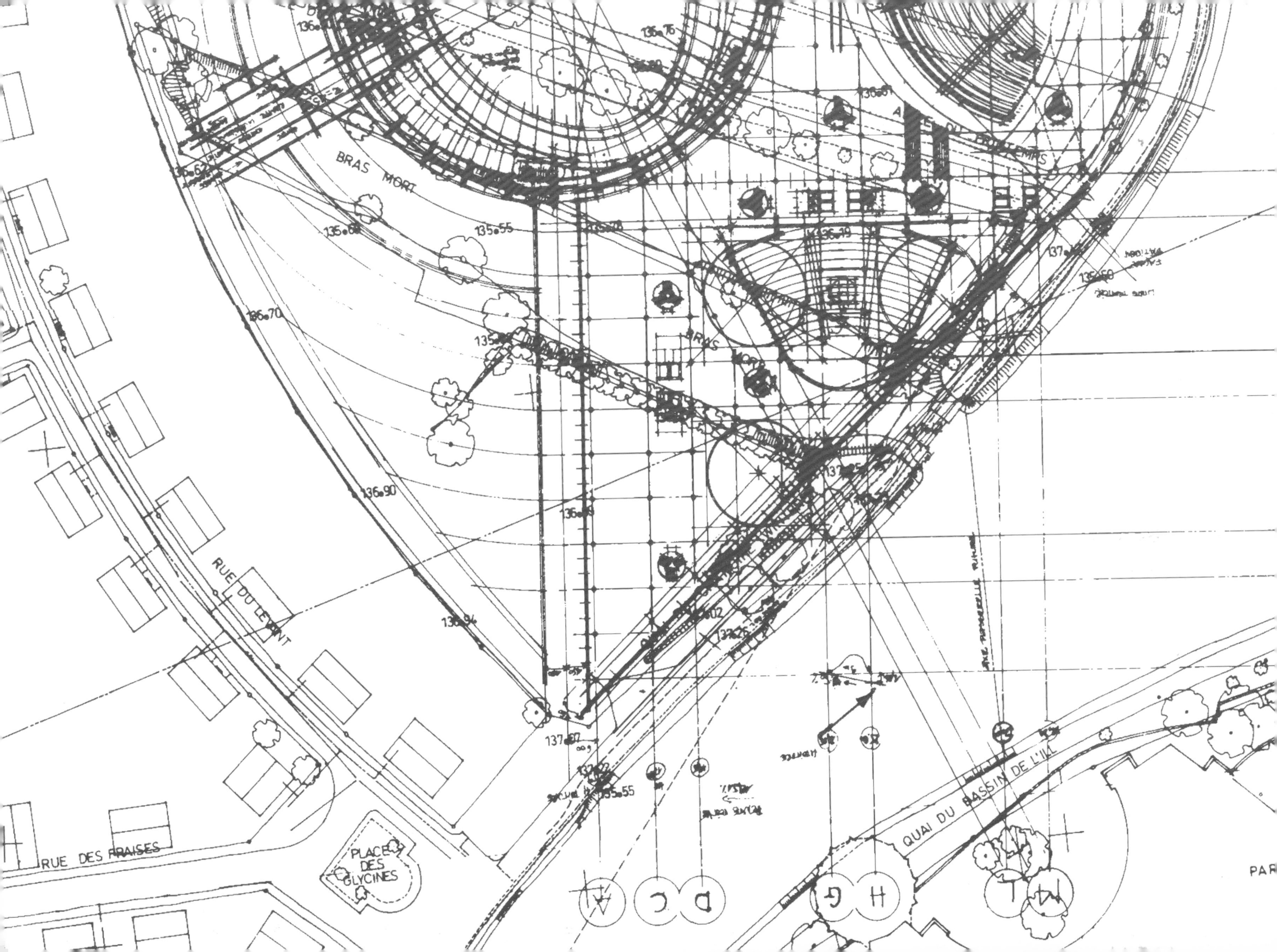

BRAS MORT
BRAS MORT
RUE DU LEVANT
RUE DES FRAISES
PLACE DES GLYCINES
QUAI DU BASSIN DE L'ILL
136.70
136.90
135.55

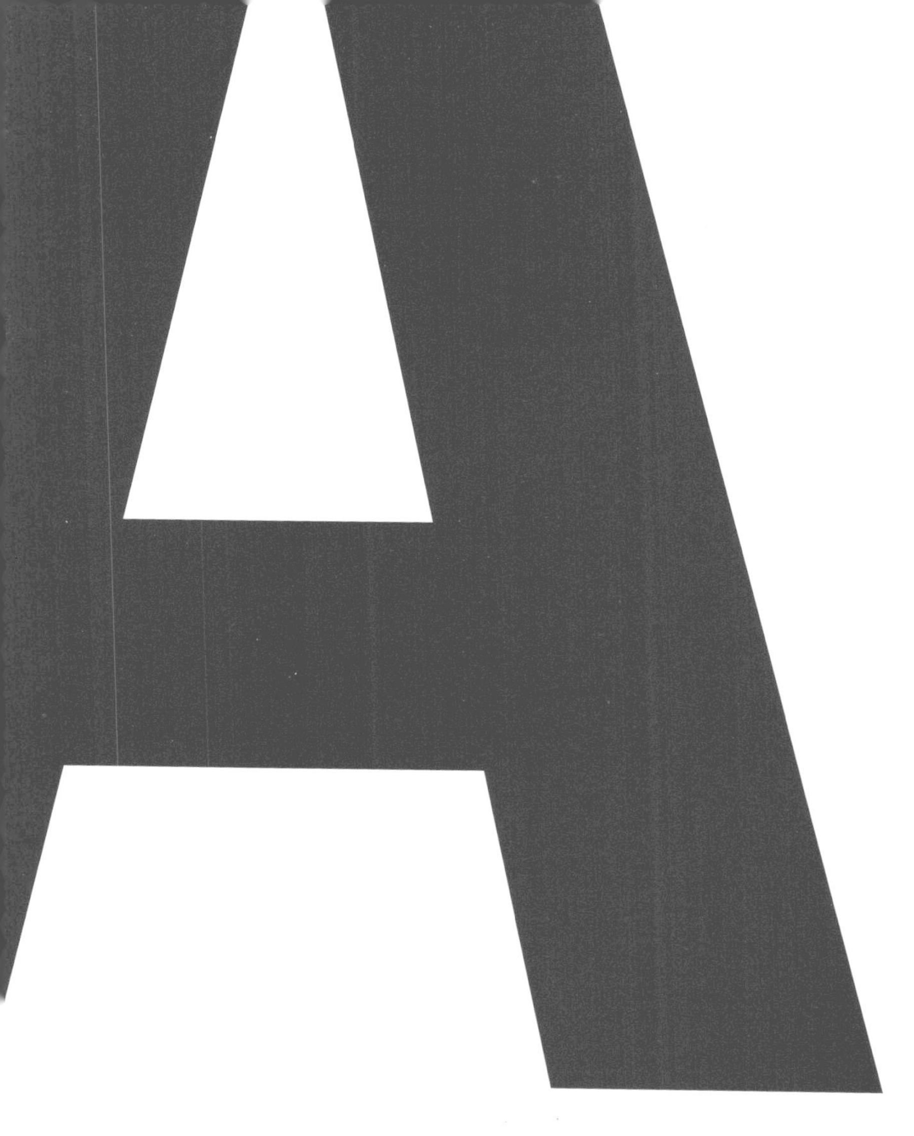

ⓐⓢ.ARCHITECTURE-STUDIO

"L'architecture est un art engagé dans la société et la construction du cadre de vie de l'homme, ses fondements sont le travail en groupe et le savoir partagé. La volonté de dépasser l'individualité au profit du dialogue et de la confrontation transforme l'addition des savoirs individuels en un potentiel créatif démultiplié."

"Architecture is an art involved with society and the construction of mankind's living environment; it is based on group work and shared knowledge. The ambition to go beyond individuality and to favor dialogue and debate transforms individual knowledge into increased creative potential. "

"建筑是一种与社会密切关联的艺术，同时也是建设人类生活的构架。其根本在于团队合作、经验分享，通过团队成员的沟通和交流，将个人的感知转化成更强大的集体潜在创造力。"

INTRODUCTION
INTRODUCTION
序言

Cyrille Poy

Il y a cinq ans, j'ai eu le plaisir d'accompagner les associés de l'agence AS.Architecture-Studio dans leur réflexion sur leur pratique architecturale et urbaine lors de la conception et de l'écriture du livre *La Ville Ecologique*[1]. Traduit en plusieurs langues, dont une édition spéciale en chinois, cet ouvrage portait un regard rétrospectif sur le travail de l'agence et faisait le point sur la manière qu'elle avait eu d'aborder les problématiques liées au développement durable depuis ses débuts jusqu'à ses projets récents.

AS.Architecture-Studio revendique sur ces questions une approche singulière. Depuis quarante ans que l'agence existe, elle a su développer, au cours de multiples projets conçus ou réalisés, un savoir-faire et une attention à l'environnement et aux cultures vernaculaires. Elle a d'ailleurs créé le bureau d'études Éco-Cités afin d'assister les différents acteurs des projets sur les aspects techniques, et en particulier ceux relevant du développement durable.

Toutefois, la technique a toujours été utilisée pour ses apports en termes de confort, de flexibilité ou d'économie. Elle n'a jamais été au centre de la réflexion de l'agence. Fondée sur une culture d'associés, qui représentent toutes les générations, AS.Architecture-Studio a toujours privilégié, avec pragmatisme et professionnalisme, la dimension humaniste dans ses projets. Le rapport à l'environnement est d'abord pensé comme un rapport à l'homme et à sa capacité à s'adapter harmonieusement avec son milieu, selon les cultures, les climats, les savoir-faire constructifs, les organisations sociales et politiques.

Cette approche explique les concours et expositions organisées par l'association CA'ASI, sise à Venise et créée

Five years ago, whilst planning and writing the book *The Ecological City*[1], I had the pleasure to join AS.Architecture-Studio partners in their thinking about their architectural and urban projects. Translated into several languages, including a special Chinese edition, this book was a retrospective look at the work of the practice and an update on how AS. Architecture-Studio has addressed the issues related to sustainable development since its founding through to more recent projects.

AS.Architecture-Studio claims a unique approach to these issues. During the forty year existence of the practice, through a multitude of designed or built projects, it has developed know-how and attention to the environment and vernacular traditions. Moreover, it founded the *Eco-Cités* (Eco-Cities) consultancy to assist project participants in technical details, especially those related to sustainable development.

However, technology has always contributed in terms of comfort, flexibility and efficiency. It has never been central to the thinking of the practice. Founded on an intergenerational partnership culture, with pragmatism and professionalism, AS.Architecture-Studio has always favoured the humanistic dimension of its projects. The relationship of architecture with the environment is primarily thought of as a relation with mankind and people's ability to adapt harmoniously to the environment in different cultures, climates, construction techniques, and social and political organizations.

This approach explains the competitions and exhibitions organized by the Venice-based CA'ASI Association created by the practice to draw attention to the important role played by young architects in developing countries. In 2010, the first

五年前，我有幸受邀加入法国AS建筑工作室《生态城市》[1]一书的策划和撰写工作，讲述工作室在建筑设计以及城市规划方面的经验与思考。该书回顾了法国AS建筑工作室自成立以来的新老建筑项目，整合了工作室多年来在可持续发展问题方面提出的解决方案，并被翻译成中文特刊及其他多种语言出版发行。

法国AS建筑工作室在这些问题上有着独到的见解。成立四十年来，工作室在项目中实践并不断完善着其专业才能，更多地关注到环境保护问题和对当地文化的传承发扬。此外，工作室还在巴黎创立了“生态城市咨询工作室”(Éco-Cités)，为项目的各种技术问题做参考评估，特别是在城市可持续发展方面。

专业的技术保证着建筑的舒适性、灵活性和高效性，但这并不是工作室设计理念的唯一核心。法国AS建筑工作室由12位不同年龄段的合伙人组成，多年来在专业、务实的企业文化下，一向主张将人文思想作为建筑项目中的重要元素。工作室认为建筑与环境的关系首先是建筑与人的关系。不同文化、气候、建造技术、社会及政治结构都影响着人们融入其所在环境的能力。

1 *La Ville Ecologique : contributions pour une architecture durable / The Ecological City: contributions for a sustainable architecture.* Éditions AAM, 2009.
《生态城市：为可持续建筑贡献力量》2012年出版中文版

par l'agence pour mettre en valeur le rôle important joué par les jeunes architectes des pays émergents. La première, en 2010, s'intéressait aux jeunes architectes chinois, quant à la seconde, co-produite par l'Institut du Monde Arabe, elle explorait la jeune garde des pays arabes (2012). Intégrée à la 14ème Biennale d'Architecture de Venise, la dernière a mis en lumière la créativité et la fraîcheur de la jeune architecture africaine et notamment récompensé Andre Christensen & Mieke Droomer de Wasserfall Munting Architects (Namibie) pour leur projet sur l'espace public de la communauté Dordabis.

L'exposition « Habiter autrement le Monde »[1] est une sorte de prolongation physique de *La Ville Ecologique*. Elle est l'occasion de porter un regard sur les quarante ans de développement d'une des premières agences françaises d'architecture et d'urbanisme et de voir comment l'écologie s'est peu à peu imposée dans la conception et la construction des villes pour devenir aujourd'hui le défi majeur des années à venir. Comme *La ville écologique*, ou les concours de la CA'ASI, cette exposition est l'occasion de participer à la création de ce renouveau architectural qui, frappé du sceau de ce nouvel impératif catégorique

involved young Chinese architects whilst the second, co-produced by the Arab World Institute, explored young talents in Arab countries (2012). Integrated into the 14th Venice Biennale of Architecture, the most recent highlighted the creativity and freshness of young African architecture and notably rewarded Andre Christensen and Mieke Droomer, Wasserfall Munting Architects (Namibia) for their public space project for the Dordabis community.

The "Inhabit the world in another way"[1] exhibition is a natural extension of *The ecological city*. It is an opportunity to look back on four decades of development of a leading French architecture and urban planning practice and to see how ecology has gradually integrated into the design and construction of cities and becomes a major challenge in years to come. Just as *The Ecological City* or the CA'ASI competitions, this exhibition is an opportunity to participate in the creation of this architectural revival that, stamped with the seal of the new categorical imperative of sustainable development, should combine with updated thinking on architecture and the city.

"Inhabit the world in another way" is a testament to the work and thought of

忠于这一创始原则，法国AS建筑工作室于其在威尼斯建立的CA' ASI艺术展览馆举办了新兴国家杰出青年建筑师大赛的评选和展览工作，强调了青年建筑师的重要作用。继2010年在中国成功举办"中国新锐建筑师大赛"之后，2012年工作室和巴黎阿拉伯世界研究中心合作，将第二届竞赛聚焦于阿拉伯地区的青年建筑设计师。2014年，第三届青年建筑师大赛来到非洲大陆。来自非洲纳米比亚瓦斯福 · 芒汀(Wasserfall Munting)建筑工作室的安德烈 · 克里斯唐森(Andre Christensen)和米耶克 · 多莫(Mieke Droomer)凭借其对多尔达比斯地区公共空间的设计夺得"非洲新锐建筑师大赛"桂冠。获奖作品于第十四届威尼斯艺术双年展上展出，为非洲青年建筑师的创意和活力提供了一个向全世界展示的平台。

"另一种角度"[1]展览是《生态城市》主题的自然延伸。它回顾了工作室作为一所成立较早的法国建筑设计和城市规划机构，四十年来的发展历程。它同时展示了生态环境如何一步步在城市建设中占据重要地位并成为未来的重要挑战。"另一种角度"展览、《生态城市》一书和CA' ASI青年建筑师展览一起让工作室参与到"绿色城市"这一建筑创作新潮流之中，重新思考建筑与

1 Exposition: Habiter autrement le monde : La ville écologique par AS.Architecture-Studio
Exhibition: Inhabit the world in another way : The sustainable city by AS.Architecture-Studio
展览：另一种角度——可持续城市 by 法国AS建筑工作室

que constitue le développement durable, doit se conjuguer avec une réactualisation de la pensée de l'architecture et de la ville.

« Habiter autrement le Monde » est le témoignage du travail et de la réflexion d'une agence d'architecture française, dont la démarche de conception, nourrie d'une attention aux contextes (sociaux, topographiques, culturels, etc.), n'a d'autre ambition que de participer à l'édification d'une architecture contemporaine de qualité économique et écologique.

Les associés d'AS.Architecture-Studio revendiquent une position d'architectes citoyens souhaitant s'engager dans la pratique d'une architecture durable en agissant sur les questions de consommation énergétique, sur les rejets de toutes sortes, sur la forme des villes ou des villages et leurs développements, sur la conciliation des attentes du grand public en matière de logement avec les impératifs de la ville dense.

Aujourd'hui, l'affirmation du développement durable apparaît comme l'exact contrepoint de la frénésie gloutonne dans laquelle les pays industrialisés et occidentaux ont vécu depuis deux siècles. Il implique en tout état de cause pour les concepteurs de l'espace une remise en question de leurs approches et de leurs réponses. Car, comme bien d'autres secteurs, l'urbanisme et l'architecture ont contribué au désastre écologique que l'on déplore aujourd'hui : un climat qui se dérègle, des ressources fossiles et une biodiversité appelées à se réduire dramatiquement dans un avenir proche, des villes énergétivores qui s'étendent au-delà du raisonnable, grignotant petit à petit les terres arables, des inégalités sociales qui se creusent, etc.

Correctement négocié, le virage du développement durable peut mener à un renouveau de la créativité et porter une nouvelle dynamique économique. Plus fondamentalement, il a le grand mérite de réintroduire dans la réflexion architecturale et urbaine la dimension du futur, de l'avenir, et de ce point de vue, donne une nouvelle épaisseur à la critique de notre production à l'heure où plus de la moitié de l'humanité vit en ville.

a French architectural practice whose design process, developed through attention to context (social, topographical, cultural, etc.), has the ambition to participate in the development of a quality, economic and ecological contemporary architecture.

The partners of AS.Architecture-Studio claim a position as architect-citizens who wish to engage in the practice of sustainable architecture by acting on the issues of energy consumption, gas emissions, the form of cities and towns and their development, and the reconciliation of public expectations for housing with the requirements of the densified city.

Today, the affirmation of sustainable development appears as the counterpoint to the greedy frenzy wherein the industrialized Western countries have lived for two centuries. In any event, it implies for designers of space the need to question their approaches and solutions. Just as many other sectors, urban planning and architecture have contributed to the ecological disaster that we deplore today; a climate going awry, fossil resources and biodiversity expected to decrease dramatically within the near future, energy-devouring cities nibbling away at arable land to spread beyond reason, widening social inequalities, etc.

Properly negotiated, the shift to sustainable development could lead to a renewal of creativity and instigate a new economic dynamic. More fundamentally, it has the great merit of reintroducing into architectural and urban thinking the dimension of the future and, from this point of view, gives new depth to the evaluation of our production at a time when more than half of humanity lives in cities.

环境之间的联系。

“另一种角度”展览展示出一个法国建筑企业在设计建造过程中，如何综合考虑环境背景（社会、地形、文化等），建造出经济节约、高生态质量的当代建筑。

作为城市公民的一员，法国AS建筑工作室合伙人主张对于可持续性建筑的实践，特别注重建筑对于能量消耗、各类废物排放等方面的控制，促进城市和村庄的未来发展。此外，工作室还特别注意到公众对于密集型城市和村庄内住房问题的期望，并提供了实际的解决方法。

今天，可持续发展主题的提出恰好对应两个世纪以来西方工业化国家生产热潮之后的反思。它让建筑师这个空间设计者从生态环境角度重新审视他们提出的方案和对策。正如其他许多行业的从业者，城市规划师和建筑师对于当今令人担忧的生态状况负有一定责任。日益恶化的气候，不断减少的石油资源，未来岌岌可危的生物多样性，超负荷的城市能源消耗和社会不平等问题慢慢吞噬着我们原本美丽舒适的地球……

我们已经意识到这个问题并决心改正，转向可持续发展的道路，这将更新我们的创造力，为未来经济发展带来新动力。更为重要的是，这将把建筑思想引入对未来城市的思考层面，使我们对现今城市生产效率的反思达到一个新的深度。

Wu Jiang
伍 江

Vice-président de l'université de Tongji, Professeur
Vice president of Tongji University, Professor
同济大学副校长、教授

Agence d'architecture française de renommée mondiale, AS.Architecture-Studio (ci-après dénommé AS) construit dans le monde entier. En s'implantant en Chine il y a plus d'une décennie, l'agence a su saisir l'opportunité d'un marché de la construction en plein essor. Aujourd'hui, AS est devenu l'une des agences d'architecture étrangères les plus remarquables en Chine.

J'ai découvert AS avec l'Institut du Monde Arabe à Paris, l'un des projets de la politique des Grands Travaux du Président François Mitterrand. Ce bâtiment a été réalisé en coopération avec un autre architecte français célèbre, Jean Nouvel. Dès son inauguration, l'Institut du Monde Arabe s'est fait remarqué par sa qualité architecturale et a projeté AS sur le devant la scène.

En 1997, la publication d'un numéro spécial du magazine *The Master Architect Series*, édité par Chine Architecture & Building Press, m'a donné l'occasion de mieux connaître les projets de l'agence en me chargeant de la traduction de ses textes en chinois. Ce magazine est le premier ouvrage chinois présentant une introduction générale d'AS.

En 2001, l'année où Shanghai annonçait sa candidature pour organiser la 41ème exposition universelle, AS a été invité à participer à l'appel d'offre pour la planification du site de ce grand événement. Elle a remporté la compétition avec le projet du « Pont aux fleurs » qui a fait une forte impression au comité d'adjudication et aux cadres du bureau de l'exposition, et qui a contribué au succès de la candidature de Shanghai. Bien que le projet du « Pont aux fleurs » n'ait finalement pas abouti, il reste représentatif de la conception originale d'AS. J'ose imaginer que l'image du fleuve Huangpu

As a world famous French architecture practice, AS.Architecture-Studio (hereafter refered to as AS) builds throughout the world. Set up in China more than a decade ago, the practice seized the opportunity in a booming construction market. Today, AS has become one of the best known foreign architectural practices in China.

I discovered AS through the Arab World Institute in Paris, one of the "Grands Travaux (Big Projects)" projects of the President François Mitterrand programme. This building was designed in collaboration with another famous French architect, Jean Nouvel. Since its inauguration, the Arab World Institute has been distinguished by its architectural quality and has projected AS into the limelight.

In 1997, the publication of a special issue of the magazine *The Master Architect Series*, published by China Architecture & Building Press, gave me the opportunity to learn about the projects of the practice through the Chinese translation. This magazine was the first Chinese publication to give a general introduction to AS.

In 2001, Shanghai announced its bid to host the 41st World Expo, and AS was invited to participate in the tender for the

作为一家享誉世界的法国建筑设计事务所，法国AS建筑工作室（以下简称AS）的作品遍布世界各地。十多年前，AS紧紧抓住中国高速建设发展的历史机遇，加入了中国这个全球最红火的设计市场。如今，AS已成为中国最为引人瞩目的外国建筑设计机构之一。

我第一次知道AS的名字是通过巴黎阿拉伯世界研究中心。当年密特朗总统为纪念巴黎革命100周年而全力推动"重大工程"。作为"重大工程"之一的阿拉伯世界研究中心，这座AS和另一位法国建筑师让·努维尔合作完成的作品让它的设计者在世界建筑界声名大振。

1997年，我欣然接受中国建筑工业出版社的邀约将AS的作品集翻译成中文，作为"世界建筑大师优秀作品集锦"专册出版，这也成为第一本向中国读者展现这个工作室风采的中文出版物。

2001年，上海为申办2010年世博会举办世博会场地规划国际竞赛，AS应邀参加并以"花桥"方案一举夺标。这个规划方案在上海申博中深深打动了国际展览局的各位委员与专家，为上海申博成功立下了汗马功劳。尽管申博成功后的规划实施方案并非AS的作品，"花桥"之梦也因种种原因无

aurait complètement changé et serait devenue l'emblème de Shanghai, si la proposition d'AS avait été réalisée.

La créativité dont AS fait preuve dans ses créations architecturales est une grande qualité que j'admire depuis toujours. A travers ses réalisations internationales, les recherches de l'agence en termes d'espace, de forme, de matériaux et de surfaces ont attiré l'attention de ses pairs.

AS fait beaucoup d'efforts pour promouvoir le développement de l'architecture écologique. Dans sa pratique du dessin architectural, les derniers matériaux et technologies sont utilisés pour

site planning of this great event. It won the competition with the "Pont aux Fleurs (Flower Bridge)" project which made a strong impression on the competition jury, executives from the exhibition office, and it contributed to the successful bid of Shanghai. Although the "Pont aux Fleurs" project was ultimately cancelled, it remains representative of the design originality of AS. If the proposal had been carried out, I dare imagine that the image of the Huangpu River would have completely changed to become the emblem of Shanghai.

I have always admired the high quality of the creativity demonstrated in AS architecture. Through its international projects,

法成真，但后来实施规划中仍可看出AS原创构思的不少特征。我们不难设想，如果当年的“花桥”方案得以实施，世博会留下的标志性建筑一定会更加精彩，黄浦江的形象也一定会彻底改观，甚至将成为整个上海的标志性形象。

我很欣赏AS多年来在建筑创作实践中持续的创新精神。在其全球各地的作品中，对当代建筑的空间、形体、材料及表面各种可能性的探索中所表现出的创造力令业内瞩目，其对城市可持续发展的长期关注与推动更令人钦佩。

AS全力推动生态建筑的发展。在其设计

maximiser le confort du cadre de vie et minimiser la consommation d'énergie, notamment par des « doubles façades » ou des « façades actives ». Les réalisations de l'agence se distinguent par l'usage de ces nouvelles technologies, tant pour les formes extérieures que pour les espaces intérieurs.

AS prend sa responsabilité sociétale très au sérieux, son influence internationale lui permet de promouvoir le développement durable et de souligner les liens étroits entre l'architecture et l'écologie. Face aux problèmes environnementaux qu'affrontent les villes contemporaines, AS propose des solutions pour une ville écologique à travers ses multiples projets.

Fondé en France en 1973, AS se passionne pour l'histoire et la culture urbaine. J'ai eu l'occasion de visiter le siège de l'agence à Paris et Martin Robain, un des fondateurs d'AS, m'a chaleureusement invité chez lui. J'ai été particulièrement impressionné par le fait que tous les lieux que je visitais, que ce soit pour y travailler ou y habiter, étaient des rénovations de bâtiments anciens. Le siège d'AS et la maison de Martin Robain offrent tous deux un savant mélange entre tradition et modernité.

A l'occasion du 40ème anniversaire d'AS.Architecture-Studio à Paris et du 50ème anniversaire de l'établissement des relations diplomatiques entre la Chine et la France, AS a rassemblé en une publication cinquante réalisations internationales représentatives de son engagement écologique, afin que le public chinois puisse avoir une meilleure connaissance de sa philosophie. De mon point de vue, c'est un témoignage important de la coopération architecturale étroite entre les deux pays. C'est un grand honneur d'être l'un des premiers lecteurs de ce livre et d'avoir été invité à écrire cette préface. Je profite de cette occasion pour présenter à AS tous mes souhaits de réussite et exprimer ma volonté de lutter ensemble pour défendre la cause du développement durable.

the practice's research in terms of space, form, materials and finishes has attracted the attention of its peers.

AS has made great efforts to promote the development of sustainable architecture. In their architectural design, the latest materials and technologies are used to maximize comfort within the living environment and to minimize energy consumption, including "double-skin" or "active" facades. Their projects are distinguished by the use of these new technologies for both external forms and interior spaces.

AS takes its social responsibility very seriously. Their international influence allows them to promote sustainable development and to highlight the close relationship between architecture and ecology. Confronted with the environmental issues that contemporary cities face, AS proposes solutions for an ecological city through its many projects.

Founded in France in 1973, AS has a passion for history and urban culture. I had the opportunity to visit the headquarters of the practice in Paris and Martin Robain, one of the founders, warmly invited me to his home. I was particularly impressed by the fact that all the places I visited, whether to work or live, were renovations of old buildings. The AS head office and the home of Martin Robain both offer a perfect blend between tradition and modernity.

To mark the 40th anniversary of AS in Paris and the 50th anniversary of the establishment of diplomatic relations between China and France, AS has collated within a single publication, fifty international projects representative of its environmental commitment so that the Chinese public can have a better understanding of its philosophy. For me, this is an important testimony to the close architectural cooperation between the two countries. It is a great honour to be one of the first readers of this book and to have been asked to write this foreword. I take this opportunity to convey my best wishes to AS for success and to express my willingness to struggle together in defence of the sustainable development cause.

实践中，无论是“双层表皮”还是“动态表皮”，都试图运用最新的材料和技术来实现建筑内部环境舒适性最大化和能耗最小化。当然，新的生态技术理念也为AS的作品带来了富有创新和挑战的独特外部形式和内部空间。

AS十分重视它的社会责任。作为一家具有广泛国际影响力的建筑设计机构，工作室始终强调建筑与所处城市环境的密切联系。事实上，AS在实践中也经常进行城市尺度上的规划与设计。面对当代城市所面临的环境和生态问题，AS试图通过他们的规划作品积极探索城市的可持续发展。

AS创设于法国，对城市历史文化有着天生的尊崇。我曾有机会访问工作室的巴黎总部，也曾去AS创始人马丁·罗班先生在巴黎的家中做客。令我印象深刻的是，无论是办公场所还是居住空间，都是旧建筑的改造利用。在这两座建筑中，深深的历史感和充满活力的时代感融为一体，历史得到完整的延续，历史空间也得到了真正的活化。

为纪念AS创立40周年，也为配合中法建交50周年庆祝活动，AS将其40年来在世界各国的50件代表性作品集辑出版，使中国读者有机会更加全面地了解AS的设计作品及设计思想。我想，这不仅是工作室对自己作品的一次总结，也是中法近年来建筑界密切合作交流的重要见证。作为本书最早的读者之一并有机会受邀作序，我深感荣欣。我愿借此机会祝AS在未来的创作路途上拿出更多更好的作品，并愿与AS的朋友们一道为城市的可持续发展共同努力！

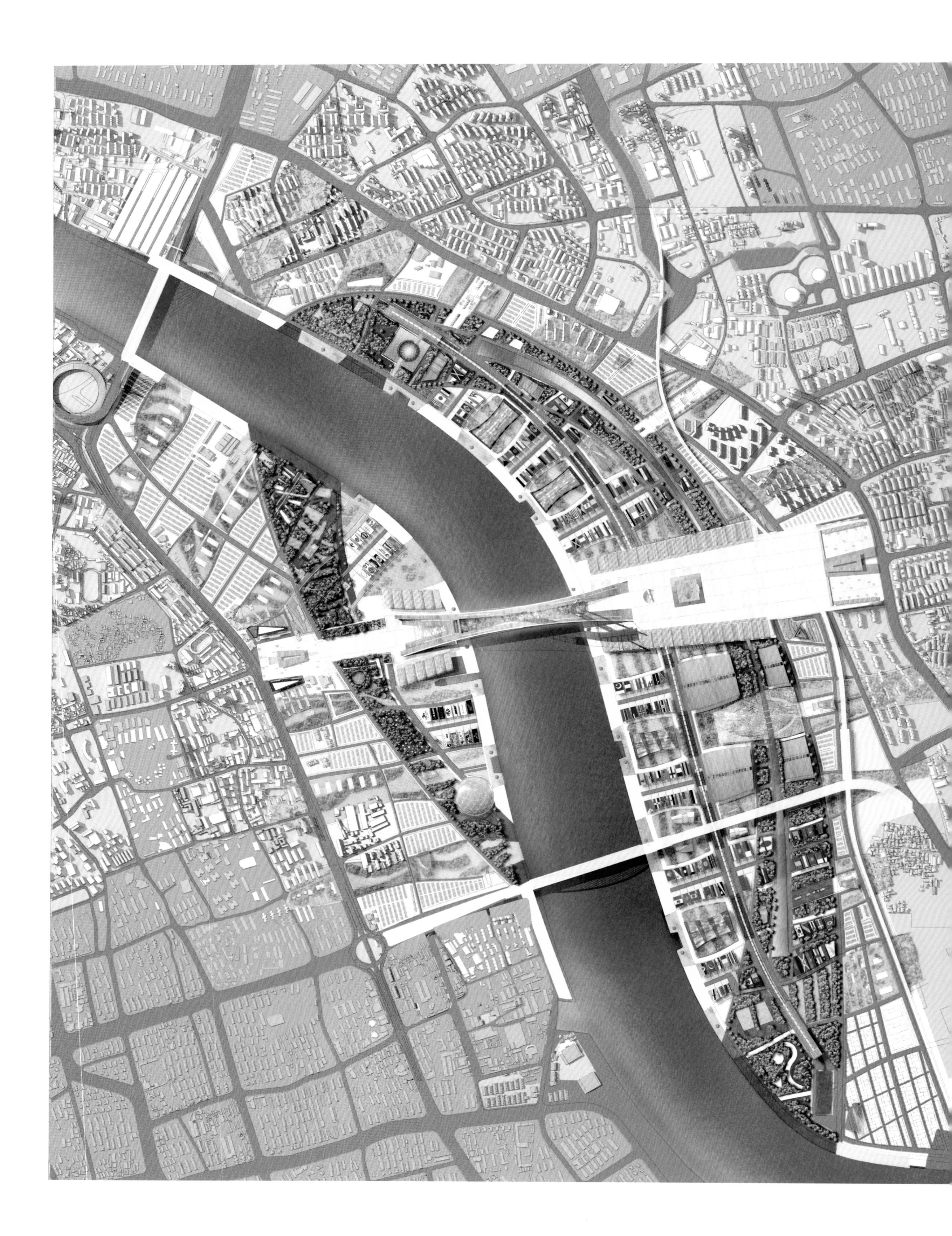

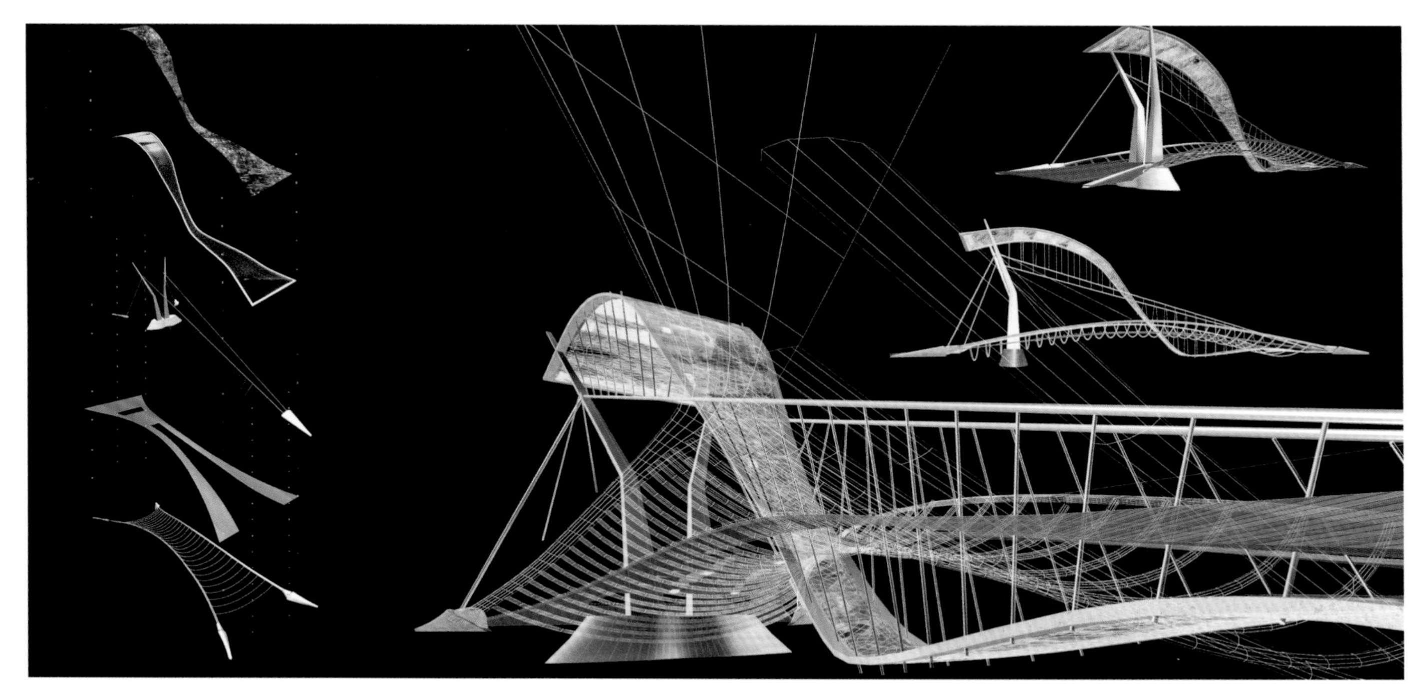

Masterplan de l'Exposition Universelle Shanghai 2010, Shanghai, Chine
Shanghai World Expo 2010 Site Planning, Shanghai, China
2010年上海世博会会址规划，中国上海

▌Le site choisi pour accueillir l'Exposition Universelle 2010 est situé au cœur de Shanghai, de part et d'autre du fleuve Huangpu. D'une superficie de 310 hectares, le site comporte une zone d'exposition, un réseau d'accès, des réserves et des logements (Village Expo). De nombreux corridors végétaux et canaux permettent de revaloriser les espaces verts et le fleuve. Ces différentes infrastructures apportent une solution aux problèmes de concentration urbaine, de circulation, de densité et de pollution. Ce projet marque un tournant dans la transformation de la ville, il s'inscrit dans un projet de développement durable de Shanghai.

▌The site chosen to host the 2010 World Expo is located in the heart of Shanghai, on both sides of the Huangpu River. The 310 hectare site includes an exhibition area, an access network, warehouses and housing (Expo Village). Many planted corridors and canals improve the parks and the river. These various infrastructures provide a solution to the problems of urban overcrowding, traffic, density and pollution. A milestone in the transformation of the city, the project is part of sustainable development in Shanghai.

▌在上海举办的2010年世博会选址于上海市中心的黄浦江两岸。规划用地共占310公顷，包括展场、出入口、保留用地和宿舍（世博村）。世博会选址一方面展示了"城市让生活更美好"的理念，另一方面在世博会闭幕后，也为城市留下改变的印记。设计致力于编织出城市与自然之间的纽带，新建的河道和多条绿色走廊可达到完善城市基础环境的目的。会址规划同时也为城市发展、交通、密度和污染方面的问题提出了一个解决方案，并将世博会基础设施融入上海可持续发展的蓝图中。

AVANT-PROPOS
FOREWORD
前言

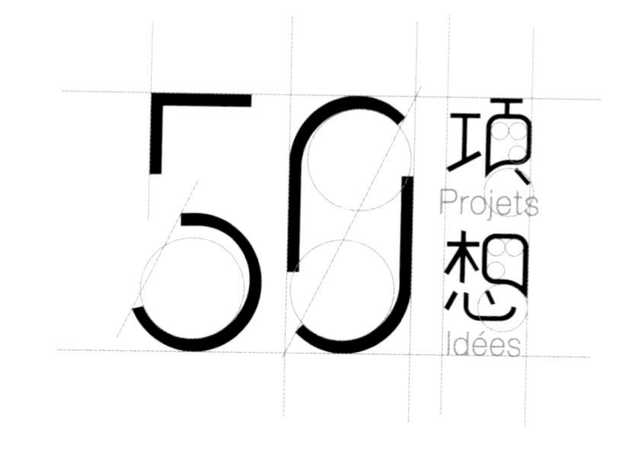

Wang Yun
王韫 / 策展人
Commissaire de l'exposition / Exhibition curator

法国AS建筑工作室
AS.Architecture-Studio

En 2014, le 50ème anniversaire de l'établissement des relations diplomatiques entre la France et la Chine est également l'occasion pour AS.Architecture-Studio de célébrer le 40ème anniversaire de l'agence, et ses 10 ans d'implantation en Chine. AS.Architecture-Studio travaille en Chine à des solutions originales et concrètes répondant aux grands enjeux de la ville durable. Cette démarche pionnière se nourrit des nombreuses réalisations menées à l'international.

Du 28 octobre au 9 novembre 2014, l'exposition « Habiter Autrement le Monde : La ville écologique par AS.Architecture -Studio » au Centre Culturel Français de Pékin présente un ensemble de projets internationaux touchant aux questions de développement durable, construction écologique et urbanisme intelligent.

Ce catalogue est publié à cette occasion, et met l'accent sur 50 projets de l'agence porteurs de solutions pour la ville durable de demain. Faisant suite à l'ouvrage *La Ville Ecologique: contributions pour une architecture durable*, cette nouvelle publication présente de manière globale la philosophie, la méthodologie et les pratiques d'AS.Architecture-Studio selon cinq thématiques :

Facades Actives : Les façades peuvent assurer plusieurs types de fonctions : gestion de l'apport de lumière, isolation thermique, régulation de la consommation énergétique du bâtiment... La performance de l'enveloppe est sans aucun doute l'élément le plus influant sur l'efficacité énergétique globale d'un bâtiment.

Espaces Tampon : Situés entre intérieur et extérieur, ces espaces intermédiaires offrent des respirations dans les bâtiments et les programmes, augmentent la qualité

The 50th anniversary of the establishment of diplomatic relations between France and China, in 2014, is also an opportunity for AS.Architecture-Studio to celebrate the practice's 40th anniversary and its 10 years in China. AS.Architecture -Studio has worked in China on original and practical solutions to respond to the major challenges of the sustainable city. This pioneering approach has been driven by the many buildings already completed abroad.

From 28th October to 9th November 2014, the exhibition "Inhabit the world in another way: The Sustainable City by AS.Architecture-Studio" at the French Cultural Center in Beijing presents a series of international projects that relate to sustainable development, green building and intelligent urban planning issues.

The catalogue published for the occasion, focuses on 50 projects that provide solutions for the sustainable city of tomorrow. Following the book *The Ecological City: contributions for a sustainable architecture*, this new publication provides in a comprehesive manner the philosophy, methodology and practices of AS.Architecture-Studio in five themes.

Active Facades : Facades can serve several functions: daylight management, heat insulation, energy conservation... Undoubtedly, envelope performance has the most influence on the building's overall energy efficiency.

Buffer Space : Located between the interior and exterior, these buffer spaces give air to buildings and programs to improve the functional quality of the building, to allow for a variety of uses and can play an important role in energy conservation.

2014年，在中法建交50周年之际，法国AS建筑工作室也迎来了它第40个生日以及进驻中国10年的里程碑。法国AS建筑工作室通过不断创作，旨在为中国的可持续发展和新型城市规划提供新颖并且实际的解决方案。这些领先的工作方式来自于多年来工作室在世界范围的实践经验。

今年10月28日至11月9日，“另一种角度——可持续城市 by 法国AS建筑工作室”展览将在位于北京市中心的法国文化中心举办。展览将展现法国AS建筑工作室（以下简称AS）的多个国际建筑及规划项目，尤以在法国及中国的项目为主，探讨可持续发展、生态建筑以及可持续城市规划等主题。

同时，在这个重要的契机，AS也决定与展览同期出版发行这本画册，精选50个项目，讲述工作室在可持续城市课题下的探索和经验。

这本画册将延续《生态城市：为可持续建筑贡献力量》的理论路径，通过5个不同的主题诠释AS的设计理念、工作方法和实践：

动态立面：建筑立面对控制室内的采光、温度及能耗起到很大的作用，因此立面的性能无疑是影响整幢建筑能效的重要元素。

缓冲空间：缓冲空间的应用为建筑创造了一个内部与外部、功能空间和公共空间之间的过渡场所，丰富并提升了建筑的功能，并可以调节室内环境以达到节能的效果。

景观建筑：AS的建筑是由其周围的客观环境定义的，紧密地与基地文脉及其周边自然环境产生联系，成为一种富有故事性的独特景观。

fonctionnelle des édifices, permettent des usages variés et peuvent jouer un rôle important en matière d'économie d'énergie.

Architecture Paysage : Les projets d'AS. Architecture-Studio sont déterminés par leur environnement physique – leurs relations avec le site et le paysage – mais aussi par leur environnement règlementaire et sociétal. Ils intègrent un maximum de paramètres contextuels, provoquant des singularités dans le paysage.

Conception Systémique : La méthode d'AS.Architecture-Studio allie créativité et maîtrise du processus global du projet, de sa conception à la réalisation. Une conception systémique, qui envisage un projet complexe dans sa globalité, permet de mieux appréhender les relations entre les différentes composantes d'un projet, son fonctionnement et ses futurs utilisateurs.

Réflexions Urbaines : L'homme est au centre de la réflexion d'AS.Architecture -Studio. La réflexion urbaine doit prendre en compte le contexte sociétal afin d'améliorer le cadre de vie. La mise en œuvre du développement durable consiste ainsi en une approche globale mêlant impact du bâtiment sur son environnement et confort d'usage.

Il est difficile de concevoir un catalogue susceptible d'intéresser les architectes, les professionnels de la construction et du développement durable, et le grand public. Nous avons choisi un mot-clé pour chaque projet afin de faciliter leur compréhension, tout en laissant de la place à l'interprétation des lecteurs.

Léger et maniable comme un magazine, ce catalogue, largement illustré, présente ces 50 projets de façon synthétique. Il propose des solutions et ouvre la discussion sur le thème du développement durable, gage de réussite des villes du futur.

L'exposition « Habiter Autrement le Monde : La ville écologique par AS. Architecture-Studio » et ce catalogue représentent une réelle opportunité de promouvoir les échanges culturels et techniques franco-chinois dans le domaine du développement durable et de l'architecture.

Landscape Architecture : The projects of AS.Architecture-Studio are determined by their physical environment—their relationship with the site and the landscape—but also by their statutory and social environments. They integrate a maximum of contextual parameters to provoke singularities in the landscape.

Systemic Design : The AS.Architecture-Studio method alloys creativity and the mastery of the entire project process, from concept to completion. A systemic design reviews a complex project in its totality to better understand the relationships between its different components, its function and its end-users.

Urban Studies : Man is at the center of AS.Architecture Studio architectural thinking. Urban studies should take into account the social context in order to improve the living environment. Accordingly, to implement sustainable development consists of a comprehensive approach that combines the impact of the building on its environment and comfort conditions.

It is difficult to design a catalogue susceptible to interest architects, construction and sustainable development professionals, and the general public. We have chosen a keyword for each project to facilitate its understanding, whilst leaving room for interpretation by the readers.

Light and handy like a magazine, this lavishly illustrated catalogue succinctly presents the 50 projects. It proposes solutions and opens discussion on sustainable development, the measure of successful cities of the future.

The exhibition "Inhabit the world in another way : The Sustainable City by AS. Architecture-Studio" and this catalogue present a real opportunity to promote Franco-Chinese cultural and technical exchanges in the fields of architecture and sustainable development.

系统设计：AS的设计理念全面地将创造性思维融入从设计到实施的每一步。在复杂项目中实施系统性设计更有助于整合项目的不同元素、功能以及其未来使用者的需求。

城市思考：人始终是AS关注的中心，我们相信将社会环境因素综合到对城市的思考中才能更好地完善居民的生活。可持续发展的实现与建筑本身的易用性和其对环境造成的影响都有着密不可分的关系。

事实上，如何策划并设计一本同时面向建筑业内人士与普通大众的画册是有一定困难的事。我们从每个项目的众多亮点中选取一个作为关键词，引导读者按图索骥从精选的图片和简练的文字中提取信息，充分发挥自身想像力从个人视角与项目产生互动。

本画册用相对密集的方式展示50个项目，我们希望它更像是一本杂志或一本笔记，节奏轻快，信息丰富却不枯燥，阅读起来令人始终兴趣盎然。我们也希望它在提供解决方案的同时也提出问题，继续加入到对可持续发展和生态城市的大讨论中，畅想未来可持续城市。

"另一种角度——可持续城市 by 法国AS建筑工作室"展览和本画册阶段性地总结了AS近30年来在可持续发展、生态城市领域的研究实践，为促进中法两国在可持续发展及建筑领域中的文化和技术交流提供了一个极佳的机会。

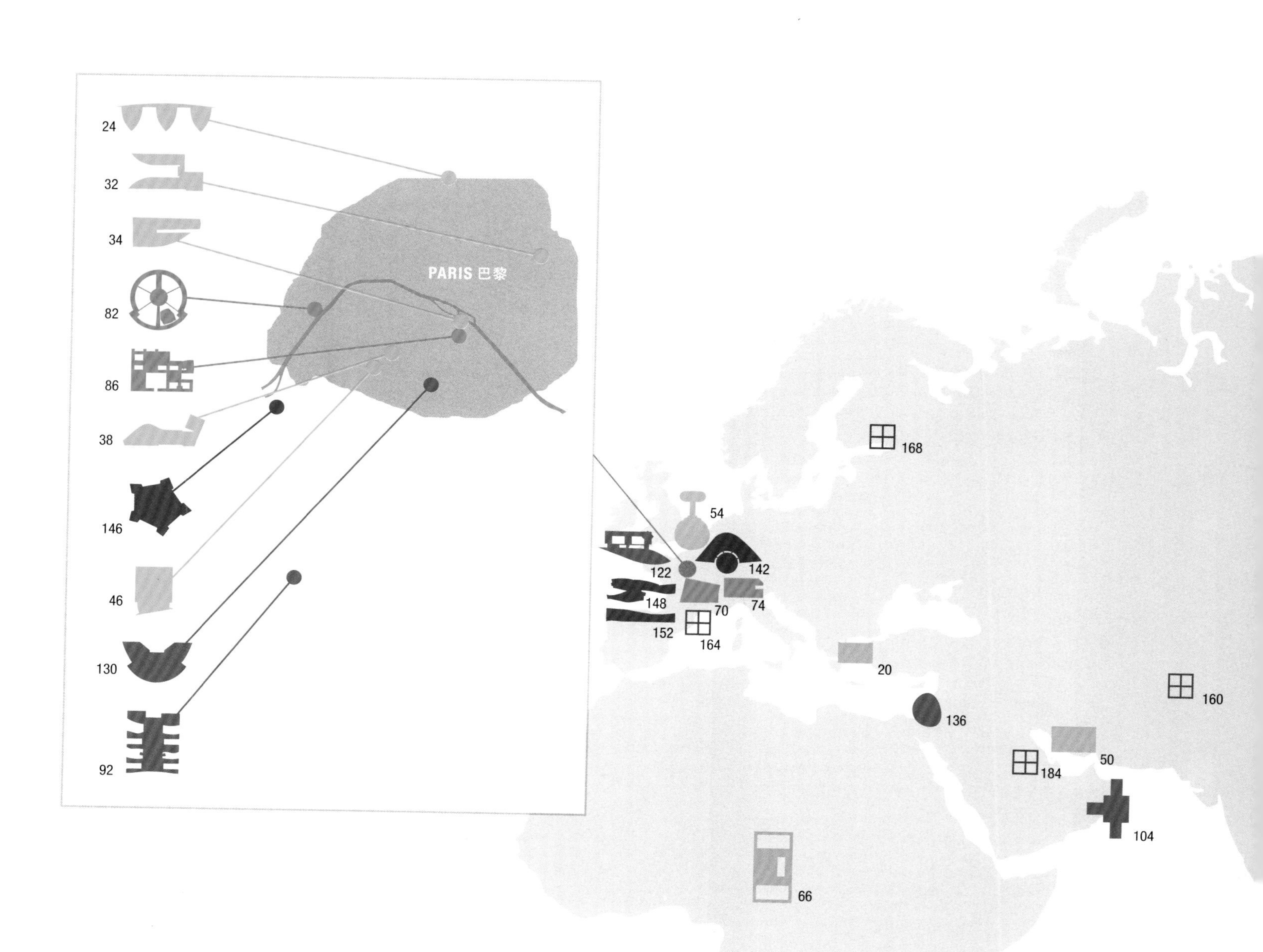
24
32
34
82
86
38
146
46
130
92
PARIS 巴黎
168
54
122
142
148
70
74
152
164
20
160
136
50
184
104
66

64
GUADELOUPE
ISLAND
法属瓜德罗普岛

PLANISPHERE 50 PROJETS
Planisphere of 50 Projects
50个项目分布

Les projets sont représentés par leur forme géométrique dans la couleur de la thématique à laquelle ils appartiennent, suivis par leur numéro de page.

The projects are represented by their geometrical forms in the color of each theme, related to page numbers.

项目以代表其几何形态的图案展示在图上，
并在旁标记了相关的页码。
具体项目信息请参考附录。

PROJETS D'URBANISME
URBAN-PLANNING PROJECTS
规划类项目

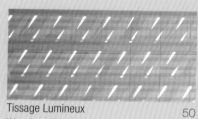

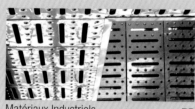

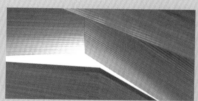

FACADES ACTIVES

ACTIVE FACADES

动态立面

Les façades peuvent assurer plusieurs types de fonctions : gestion de l'apport de lumière, isolation thermique, régulation de la consommation énergétique du bâtiment... Cette dissociation des fonctions de la façade se concrétise d'abord dans les doubles peaux, dispositif qui fonctionne selon le principe du manteau. La performance sur l'enveloppe est sans aucun doute l'élément le plus influant sur l'efficacité énergétique globale d'un bâtiment. Cinquième façade, le toit peut également jouer plusieurs rôles – filtre lumière, terrasse végétalisée, source de production d'énergie, isolant – permettant de limiter l'empreinte énergétique d'un équipement.

Les façades de la **résidence pour personnes âgées à Belleville** et de la **résidence universitaire Croisset** à Paris fonctionnent comme des double-peaux qui répondent aux contraintes du contexte urbain. Les toitures des **bâtiments de bureaux de Jinqiao** et du **Stade Régional de Liévin** multiplient les fonctions urbaines, esthétiques et environnementales.

Les façades de l'**Institut du Monde Arabe** et de l'**Ecole de commerce Novancia** à Paris, ou encore du **Centre Culturel de Jinan**, permettent une gestion durable du bâtiment, notamment par la régulation de la luminosité. La régulation de la température et de la ventilation sont également des attributs des façades du siège social de **Wison Chemical à Shanghai** et du **Centre Hospitalier Universitaire de Pointe-à-Pitre** en Guadeloupe.

Les façades de l'**Eglise Notre-Dame de l'Arche d'Alliance** à Paris, la **Manufacture de Tabac** à Shanghai et du **Centre culturel Onassis à Athènes** articulent, chacune à leur manière, une transition entre la ville et le bâtiment. Le **Théâtre National du Bahreïn**, mais aussi le **village des pèlerins de N'Djamena**, se singularisent par leur canopée, qui filtre la lumière et maîtrise les fortes chaleurs.

Facades can serve several functions : daylight management, heat insulation, energy conservation... This separation of the functions is first achieved in the double-skin, a device that works on the "overcoat" principle. Undoubtedly, envelope performance has the most influence on the building's overall energy efficiency. The fifth elevation, the roof can also play several roles—light filter, green roof, energy production, insulation—to reduce the energy footprint of a building.

The elevations of the **Retirement Community** at Belleville and the **Croisset University Residence** in Paris function as a double skin to meet the constraints of the urban context. The roofs of the **Jinqiao Office Buildings** and the **Liévin Regional Stadium** increase the aesthetic, environmental and urban functions.

The **Arab World Institute** and the **Novancia Business School** in Paris, or the **Jinan Cultural Center** facades provide sustainable building management by daylight control, in particular. Temperature and ventilation control are also facade characteristics of the **Wison Chemical Headquarters and Laboratories** in Shanghai and the **Pointe-à-Pitre University Hospital Center** in Guadeloupe.

The facades of **Notre-Dame de l'Arche d'Alliance Church** in Paris, **Zhonghua Tobacco Factory** in Shanghai and the **Onassis Cultural Center** in Athens articulate, each in their own way, a transition between the building and the city. The **Bahrain National Theater** and the N'Djamena **Pilgrims' Village** are conspicuous by their canopy which filters daylight and controls high temperatures.

建筑外墙可以具有如日光照明、隔热保温、建筑能耗管理等多种不同功能。对外立面功能的划分首先体现在双层幕墙上。这样的立面形式与建筑围护结构的原则密不可分。建筑外表皮的设计无疑是建筑整体能源使用效率的重要决定因素。建筑的第五立面——屋顶同样充当着多种角色，如遮阳板、草木茂盛的露台、建筑能源供给站或保温层等，从而减少建筑物的能量损失。

巴黎老年人公寓和克鲁瓦塞大学生公寓这两栋建筑的双层幕墙设计呼应着当今生态环境的新要求。**金桥研发楼和列万大区体育馆**的设计实现了建筑屋顶在环境、生态和美学功能上的和谐统一。

巴黎阿拉伯世界研究中心、诺凡西亚高等商学院和山东省会文化艺术中心的外立面通过对建筑采光的调节体现着"可持续性建筑"的思想。**上海惠生生物化工工程园区和皮特尔角城大学医疗中心**的双层幕墙设计起到调节室内气温作用的同时保证了室内自然通风。

巧妙的外立面选材赋予**巴黎约柜圣母教堂、雅典奥纳西斯文化中心和上海中华卷烟厂**这三座建筑独特的外表，实现了从建筑到城市的完美过渡。**巴林国家大剧院**和乍得首都恩贾梅纳的**朝圣者之家**这两座建筑的拱顶圆顶盖则极具穆斯林建筑特色，既遮蔽了强烈日光又阻挡了暑热。

Centre Culturel Onassis, Athènes, Grèce
Onassis Cultural Center, Athens, Greece
奥纳西斯文化中心, 希腊雅典

Le Centre culturel Onassis à Athènes abrite un opéra-théâtre de 900 places, un auditorium de 200 places, un amphithéâtre en plein air, un restaurant, une salle d'exposition et un centre de conférences.

The Onassis Cultural Center in Athens accommodates a 900-seat opera - theater, a 200-seat auditorium, an outdoor amphitheater, a restaurant, an exhibition hall and a conference center.

雅典奥纳西斯文化中心包含一个可容纳900人的歌剧院、一个可容纳200人的音乐厅、一个圆形露天阶梯剧场、一个餐厅、一个展览厅以及一个会议厅。

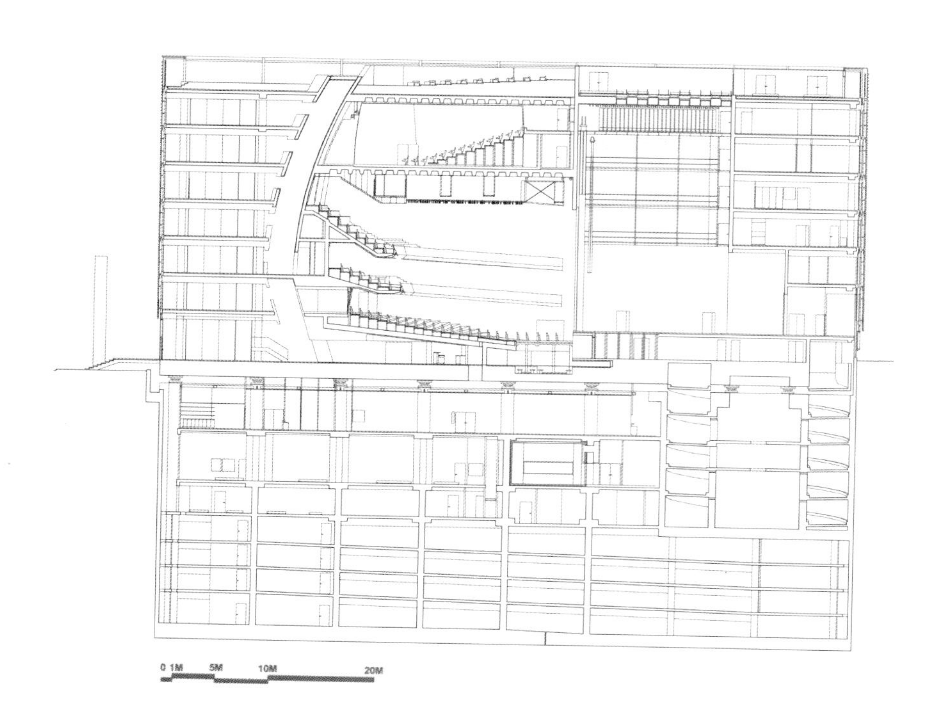

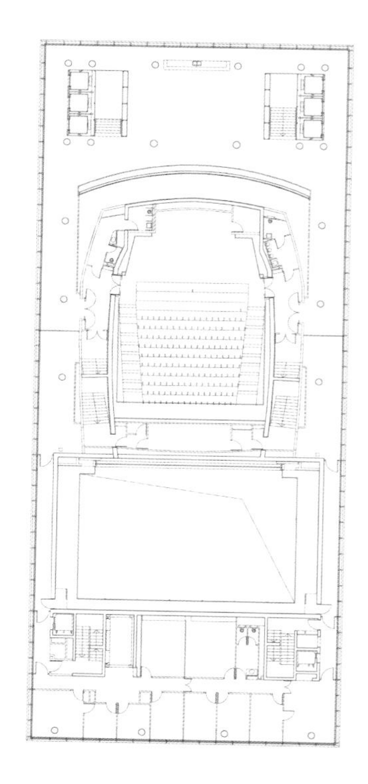

Le bâtiment se présente sous la forme d'un volume très simple, diaphane, en marbre de Thassos, surélevé au-dessus d'un socle de verre. L'opacité de la pierre en façade est équilibrée par un travail sur la transparence, le rythme et la matière, qui permet de gérer de manière intelligente les apports lumineux. Cette scénographie urbaine repose sur le traitement des façades de l'édifice, considérées comme une membrane vivante, réactive et durable.

The building is a simple, translucent volume in Thassos marble above a glazed socle. The opacity of the stone-clad facade is balanced by the transparency, rhythm and materials used intelligently to control daylight. This urban scenography is based on the facade treatment, considered here as a living, responsive and sustainable membrane.

奥纳西斯文化中心由建在镶玻璃底座上的达索大理石构成，外形简洁大方、呈半透明状。立面材料选用不规则的实体石材与规则透明的玻璃相结合，取得了和谐的平衡。外立面设计不仅抽象地表达了建筑的透明质感，还通过外部遮阳系统巧妙地控制采光，它将建筑内的景象与城市连通产生互动，使建筑充满生机。

Palmie bistro
ODEON
Cinema Park
STARCITY

Protection et Ouverture
Protection and Openness
保护与开放

Résidence Universitaire Croisset, Paris, France
Croisset University Residence, Paris, France
克鲁瓦塞大学生公寓, 法国巴黎

La résidence universitaire Croisset regroupe 351 studios pour étudiants en bordure du boulevard périphérique de Paris. Le bâtiment répond aux contraintes du contexte urbain : double face, double peau, double sens.

The Croisset University Residence includes 351 bedsits for students alongside the Paris ring road. The building deals with the constraints of the urban context; double sides, double skin, double orientation.

位于巴黎环城公路沿线的克鲁瓦塞大学生公寓包含351间学生公寓和配套设施。它接受并适应了都市背景中的喧闹，是一栋具有双侧朝向、双层表皮与双重意义的建筑。

L'édifice se présente comme une muraille du côté périphérique, atténuant le bruit grâce à une façade ressemblant à un écran géant. Du coté ville, plus calme, trois avancées de onze niveaux abritent les studios, reliées à des volumes collectifs centraux. Les fonctions de la façade bouclier sont multiples : elle protège du bruit, intègre des circulations, et fait office de promenoir offrant une vue panoramique sur la ville.

A wall faces the ring road, reducing noise levels with a facade that resembles a giant screen. On the calmer city side, three projections of eleven floors accommodate the bedsits connected to a central common area. The shield-facade has several functions; it protects people from the noise, integrates the internal circulation and serves as a promenade with panoramic views over the city.

环城一侧的盾牌式墙面，像一面巨大的屏障，隔绝了都市的喧嚣。另一侧为宁静的绿化带，三座11层的弧形体量镶嵌在盾牌之上，作为居住空间。双层盾牌式外墙功能多样，可隔绝噪声，并在内部形成一个散步回廊远眺城市全景。

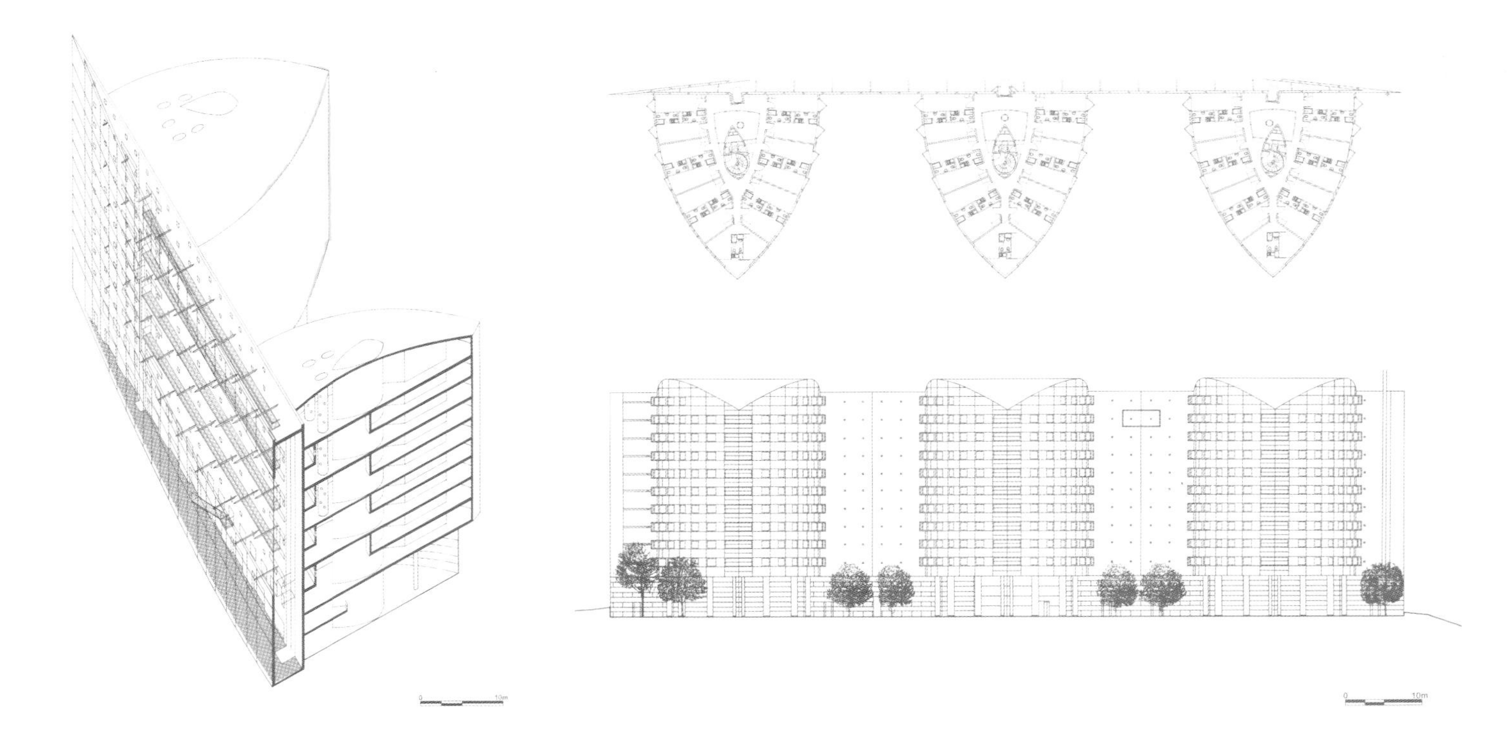

Centre Culturel de Jinan, Jinan, Chine
Jinan Cultural Center, Jinan, China
山东省会文化艺术中心, 中国济南

Le Centre Culturel de Jinan – capitale du Shandong – est situé au cœur du nouveau quartier édifié autour de la gare du train à grande vitesse de l'ouest. Il regroupe le musée des arts plastiques, la bibliothèque et le centre des arts vivants.

The Cultural Center in Jinan, the capital of Shandong, is located in the heart of the new district built around the high-speed train station to the west. It accommodates the museum of fine arts, library and performing arts center.

山东省会文化艺术中心三馆项目位于济南西部新城核心区高铁西客站片区，主要由美术馆、图书馆及群众艺术馆等三大文化建筑构成。

1, Musée / Museum / 美术馆

2, Bibliothèque / Library / 图书馆

3, Centre des arts vivants / Performing arts center / 群艺馆

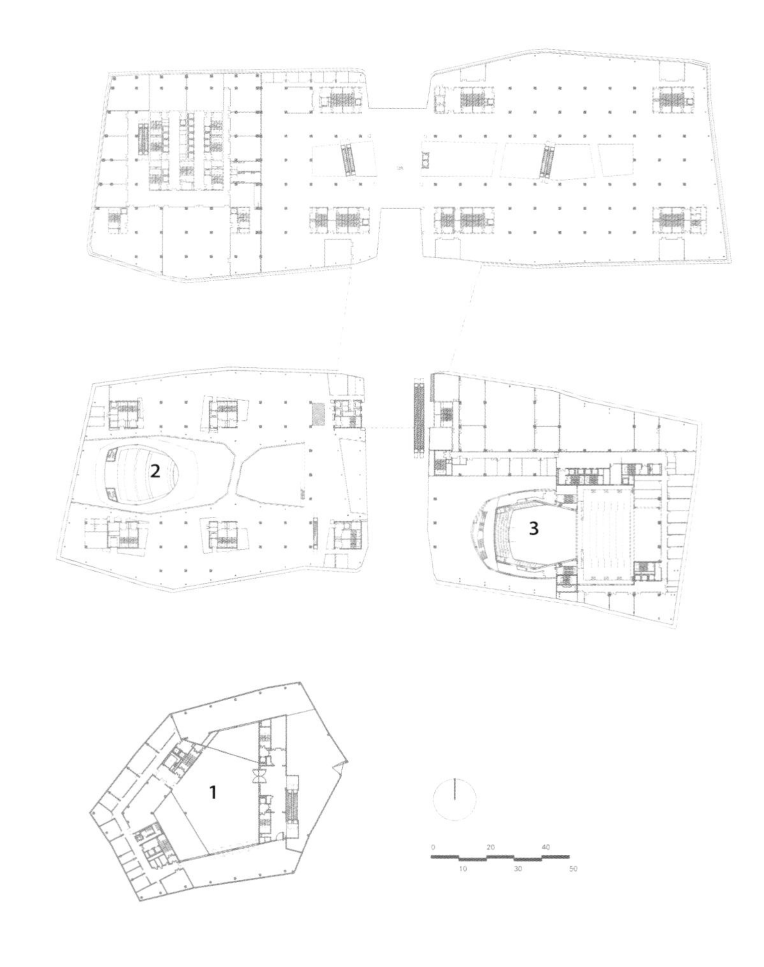

La façade de marbre et de verre du musée est taillée comme un diamant. Le bâtiment principal est doté d'une double façade : une façade interne en miroir gris et une façade externe en plaques d'aluminium perforées, dont la composition reprend la forme de la fontaine de Jinan. Cette double façade permet une gestion durable du bâtiment par la régulation de la luminosité et de la température interne.

The marble and glass museum facade is cut like a diamond. The main building has a double-skin; an inner, grey mirrored elevation and an outer elevation of perforated aluminium plates whose composition evokes the form of the fountain in Jinan. This double facade provides sustainable building management by daylight and internal temperature control.

美术馆外立面使用大理石与玻璃为主要材料，塑造出宛如钻石般剔透的外形。主体建筑部分采用了双层幕墙系统：内幕墙部分采用浅灰色玻璃幕墙，银灰色镂空铝板构成的外层立面源于泉城济南涌动的泉水形象。经过精确地设计和安排的铝板的开洞大小与功能相对应，在满足室内采光需求的同时也兼顾了遮阳和控温的功能。

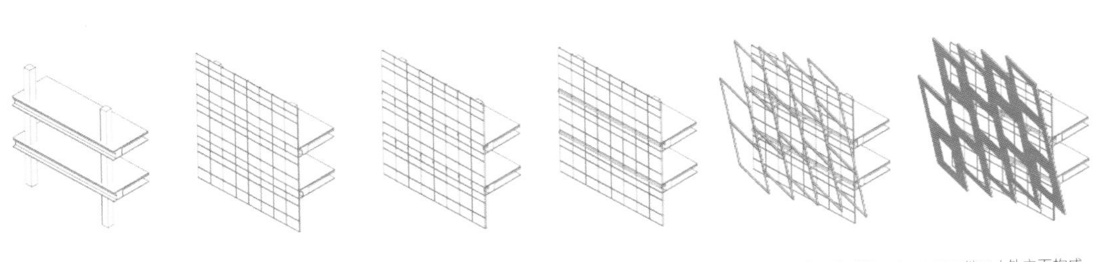

Composition de la façade / Facade composition / 外立面构成

Résidence pour Personnes Agées, Paris, France
Retirement Community, Paris, France
老年人公寓, 法国巴黎

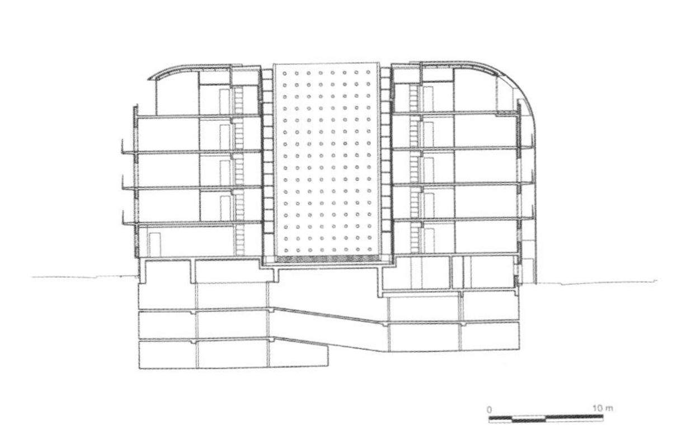

▌Située dans le quartier de Belleville à Paris, cette résidence pour personnes âgées abrite 84 logements et 126 places de parking. Ouvert sur la ville par un jardin central, l'édifice s'intègre harmonieusement dans une zone dense, constituée de bâtiments anciens. Les façades fonctionnent comme une double-peau : elles créent une couche d'air isolante qui permet de réduire la consommation énergétique du bâtiment. Les grandes baies vitrées jouent le jeu de la transparence colorée et offrent des parcours de promenades aux résidents, renforçant leur lien avec la vie du quartier.

▌Located in the neighbourhood of Belleville in Paris, this retirement home provides 84 housing units and 126 parking spaces. Open onto the city from a central garden, the building blends harmoniously into a dense area of old buildings. The facades function as a double-skin; they create an insulating layer of air that reduces the energy consumption. The large windows play on coloured transparency and provide walks for residents, strengthening their relationship with the neighbourhood.

▌位于巴黎美丽城的老年人公寓包含84套公寓和一个126车位的停车场。建筑围绕一个中心花园面向城市开放，因此可与其所在的高密度老式街区环境完美融合。建筑外立面采用双层幕墙，起到保温作用并降低了建筑对能源的依赖。落地彩窗日照充足，不仅为居民提供了一个惬意的五彩散步走廊，更强化了公寓同街区的联系。

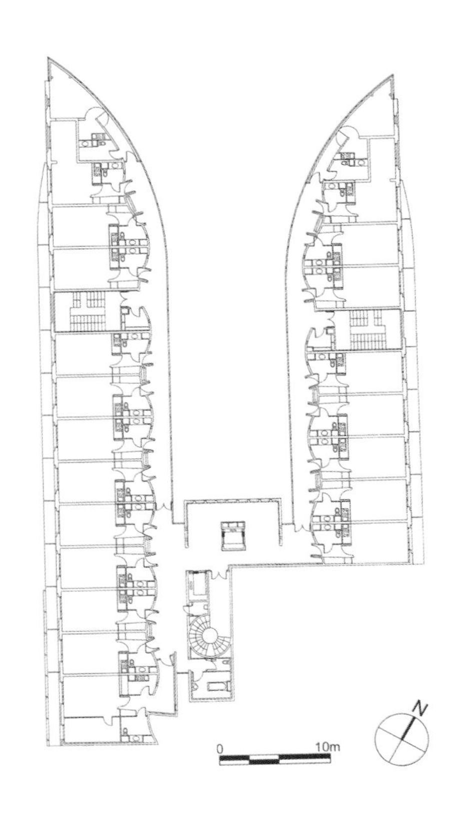

Institut du Monde Arabe [1], Paris, France
Arab World Institute[1], Paris, France
阿拉伯世界研究中心[1], 法国巴黎

1 Architectes / Architects /建筑师 : AS.Architecture-Studio, J. Nouvel, G. Lezenes, P. Soria.

Le bâtiment de l'Institut du Monde Arabe à Paris – institution culturelle emblématique – prend en compte plusieurs aspects contextuels : quartier traditionnel et moderne, culture arabe et occidentale, modernité et histoire.

The Arab World Institute in Paris—an iconic cultural institution—takes into account several contextual factors: a traditional and contemporary neighbourhood, Arabian and Western cultures, and modernity and history.

位于巴黎的阿拉伯世界研究中心是一个多元化的标志性文化建筑，将老街区与新街区、阿拉伯文化与西方文化、历史与现代融合为一体。

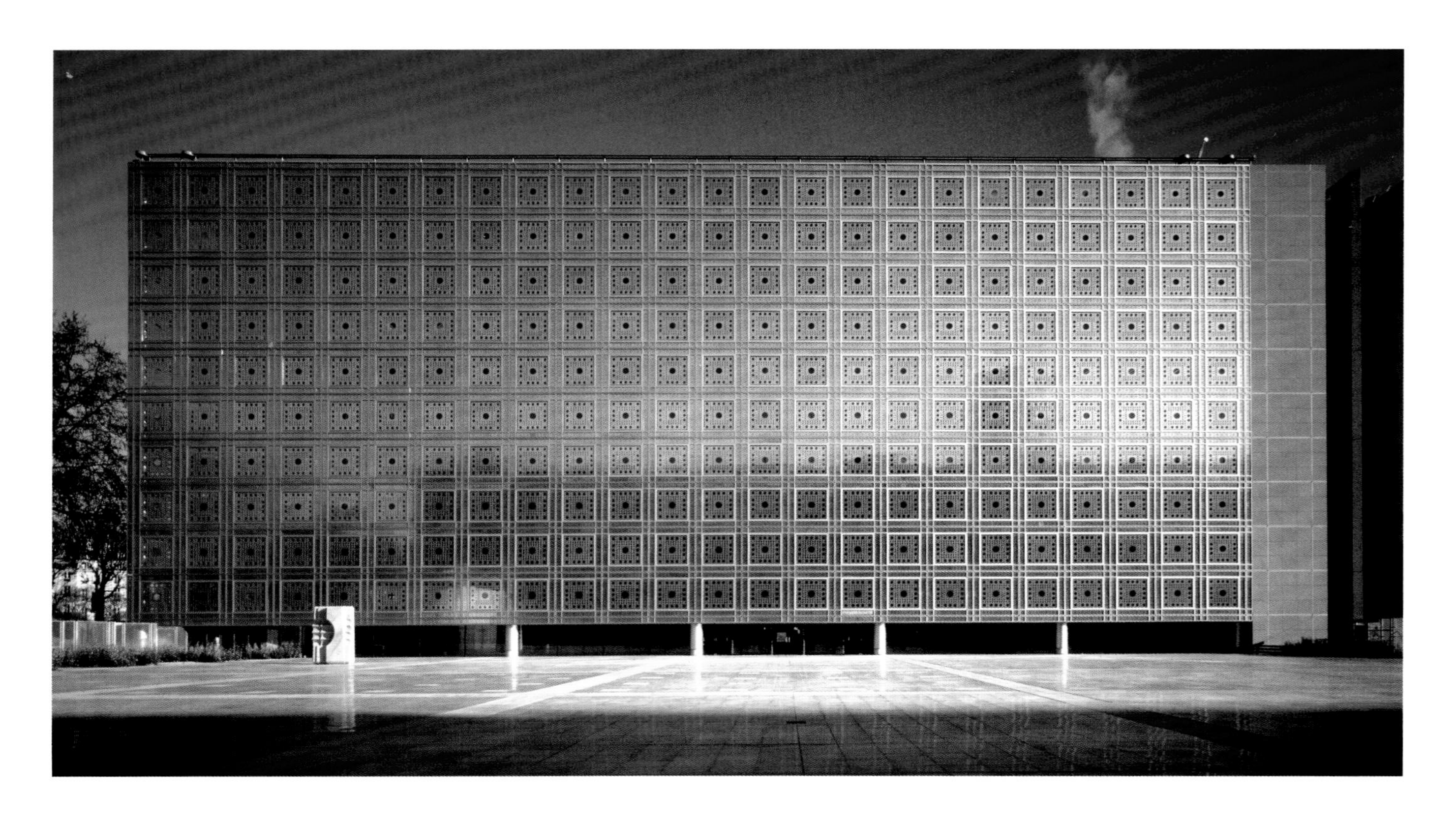

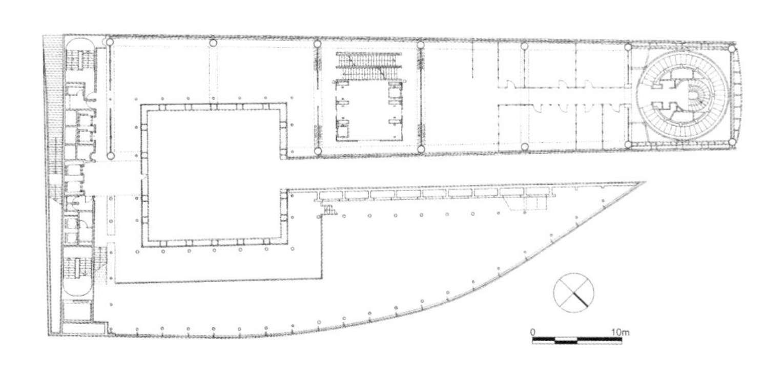
0
10m

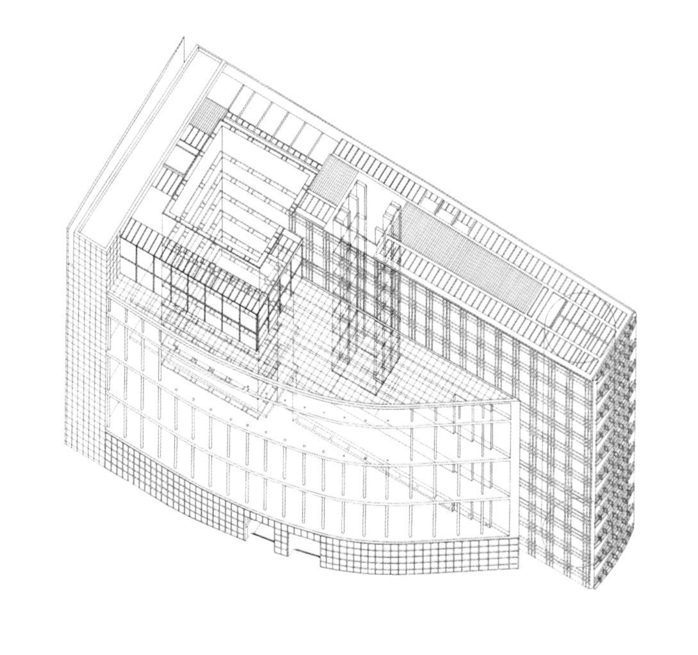

La façade nord du musée, tournée vers le Paris historique, symbolise la relation des objets exposés à la ville. La façade sud de la bibliothèque revisite les thèmes traditionnels de la géométrie artistique arabe. Cette façade opacifiante reprend le mécanisme du diaphragme d'un appareil photo qui s'ouvre lorsque la lumière est de faible intensité et se ferme lorsque celle-ci est trop importante. Cette gestion intelligente des apports de lumière et des dépenses d'énergie confirme que les façades peuvent assurer d'autres types de fonctions.

Facing historic Paris, the north facade of the museum symbolizes the relationship between the exhibits and the city. The south facade of the library revisits traditional themes of Arabian artistic geometry. This facade reworks the mechanism of a camera diaphragm that opens when light is low and closes when there is too much. This intelligent management of daylight and energy consumption confirms that facades serve several functions.

建筑北墙面向老巴黎，含蓄地展示着其中展品和这个文化之城的艺术联系。图书馆南侧外墙的主题则是令人惊叹的阿拉伯传统艺术几何。建筑立面应用了相机光圈的机械原理，安装了光电传感器，可在户外光线较弱时开启，过度时闭合。这种智能外墙不仅实现了对日照采光的调节，节约了建筑能耗，并且保证了建筑其他各项功能。

Détail de la façade / Facade's detail / 立面细节

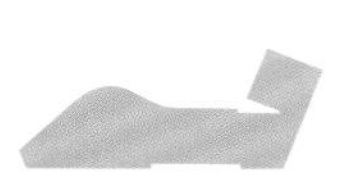

Ecole Supérieure de Commerce Novancia, Paris, France
Novancia Business School, Paris, France
诺凡西亚高等商学院, 法国巴黎

La restructuration et l'extension de l'Ecole de commerce Novancia à Paris, sur un édifice datant de 1908, était un véritable défi. Le projet met en valeur le bâtiment d'origine et crée un atrium central en couvrant l'ancienne cour de l'école.

The transformation and extension of the Novancia Business School in Paris, over a building dating from 1908, was a real challenge. The project improves the original building and creates a central atrium over the former school yard.

诺凡西亚高等商学院建筑可追溯到1908年，坐落在一个充满老式砖墙建筑的街区。翻新并扩建这所学校显然是一项充满了挑战的任务。设计为了保留并凸显原有建筑特征，在原为内院的位置新建了一个带顶中庭。

Sa façade composée de brise-soleil rappelle la taille et les couleurs de la brique d'origine. Motorisés, ces brise-soleil permettent de réguler les apports lumineux. Le bâtiment, transformé par les mouvements de la façade, n'est jamais le même. Ici la couleur est traitée comme matière.

Composed with sunshades, the elevation makes reference to the size and colour of the original brickwork. These motorized sunshades regulate the daylight. Transformed by movement in the elevation, the building is never the same. Colour is treated here as a material.

扩建的外立面由彩色百叶窗组成，颜色被作为一种材料进行创作。这个立面不仅保证了遮阳采光的实用性，也保留了人们对砖的形状、颜色的记忆，延续了老街区建筑的特色。通过控制百叶窗中的电动遮阳板能够调节室外光线的进入量，建筑的外观也因外立面的移动而产生变化，充满生机和活力。

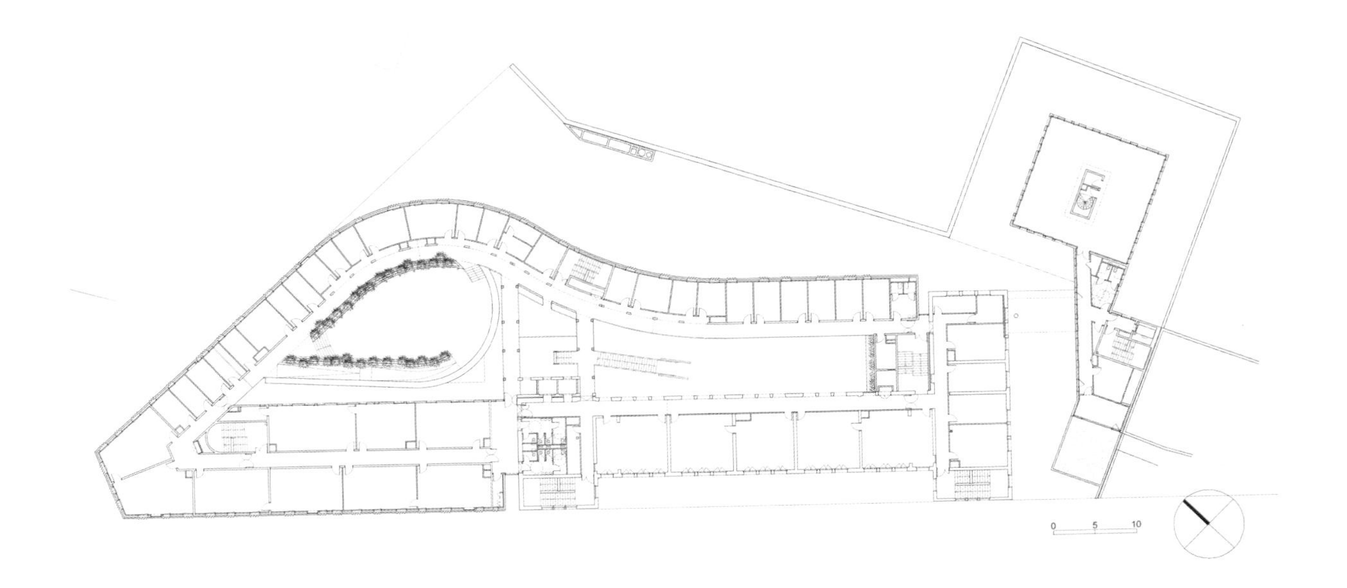

Manufacture de Tabac de Zhonghua, Shanghai, Chine
Zhonghua Tobacco Factory, Shanghai, China
中华卷烟厂, 中国上海

▌La Manufacture de Tabac de Zhonghua, qui fabrique les cigarettes de luxe chinoises Panda, est située dans le quartier Yangpu, non loin du fleuve Huangpu à Shanghai. La restructuration paysagère, urbaine et architecturale du site, d'une surface de 106500 m², vise principalement à intégrer de grands bâtiments industriels dans un quartier fortement urbanisé.

▌The Zhonghua Tobacco Factory, which manufactures the Chinese luxury Panda cigarettes, is located in the Yangpu District near the Huangpu River in Shanghai. The urban, architectural and landscape redevelopment of the 106,500 m² site seeks to integrate large industrial buildings within a highly urbanized area.

▌城市，让生活更美好；工厂，也要让城市更生态。生产"熊猫"等高级香烟的上海卷烟厂位于上海杨浦区，紧邻黄浦江，工程建筑面积为106500平方米。在都市内建设大型工业厂房是本项目的一大难点。

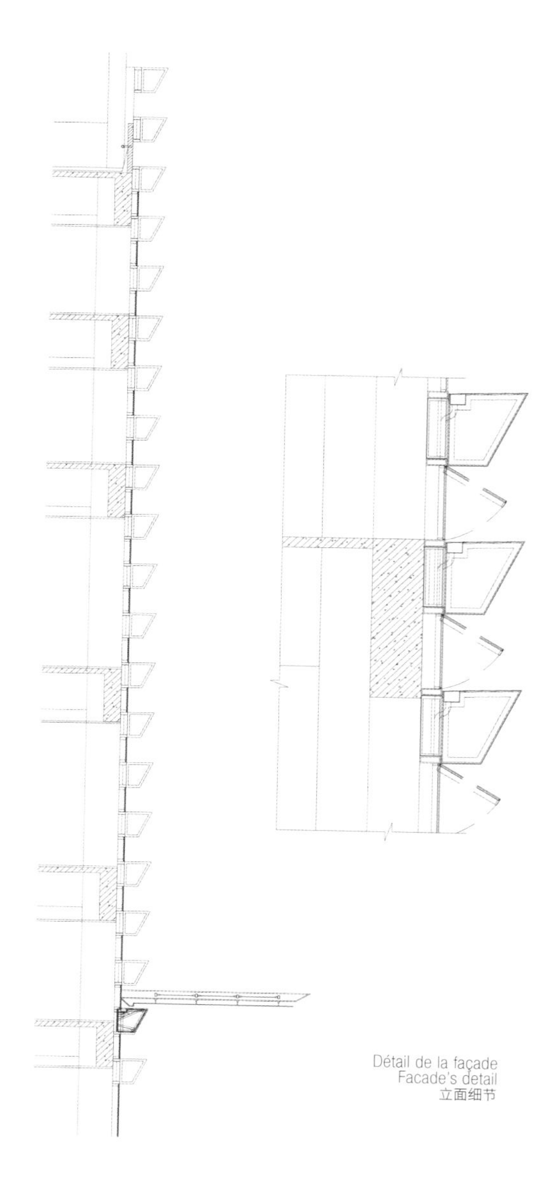

Détail de la façade
Facade's detail
立面细节

Les nouveaux bâtiments s'insèrent parfaitement dans leur environnement : la façade sur rue se compose de panneaux réfléchissants en acier inoxydable qui reflètent le nouveau parc ouvert sur le quartier, tandis que les façades et toitures en terra cota rappellent les constructions voisines tout en garantissant une bonne isolation thermique et en réduisant la consommation d'énergie.

The new buildings fit perfectly into their environment. The street facade is composed of reflective stainless steel panels that reflect the new park open onto the neighbourhood whilst the terra cotta elevations and roofs recall adjacent buildings. They provide good thermal insulation and reduce energy consumption.

新厂房完美地融入了环境。我们选择了可反射新城市公园的镜面不锈钢作为立面材料，延伸了景观空间。而外墙和屋顶采用色调温和、新古兼具的陶土板，与相邻建筑环境呼应的同时也提供了良好的保温隔热性能，降低了能源消耗。

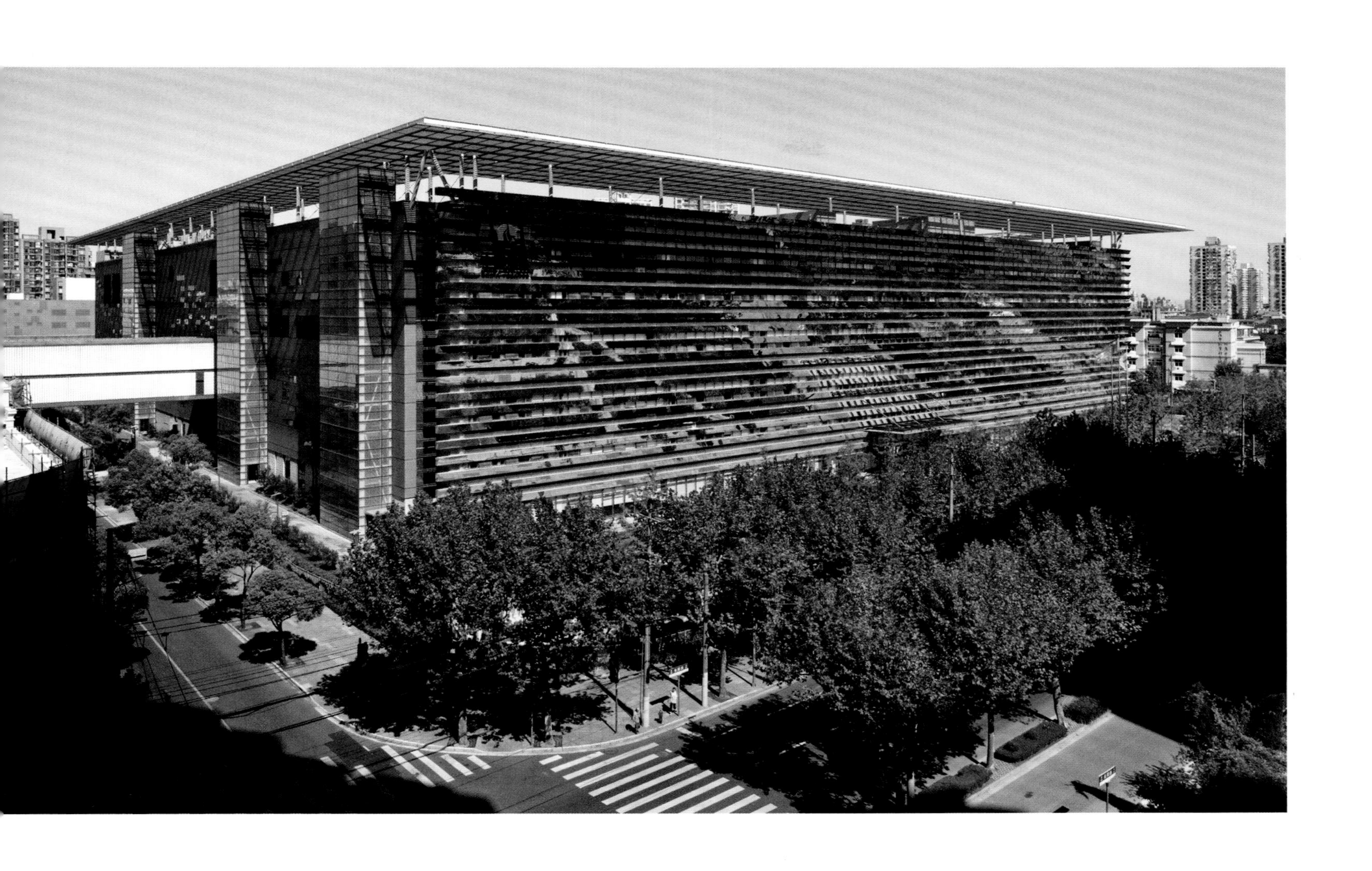

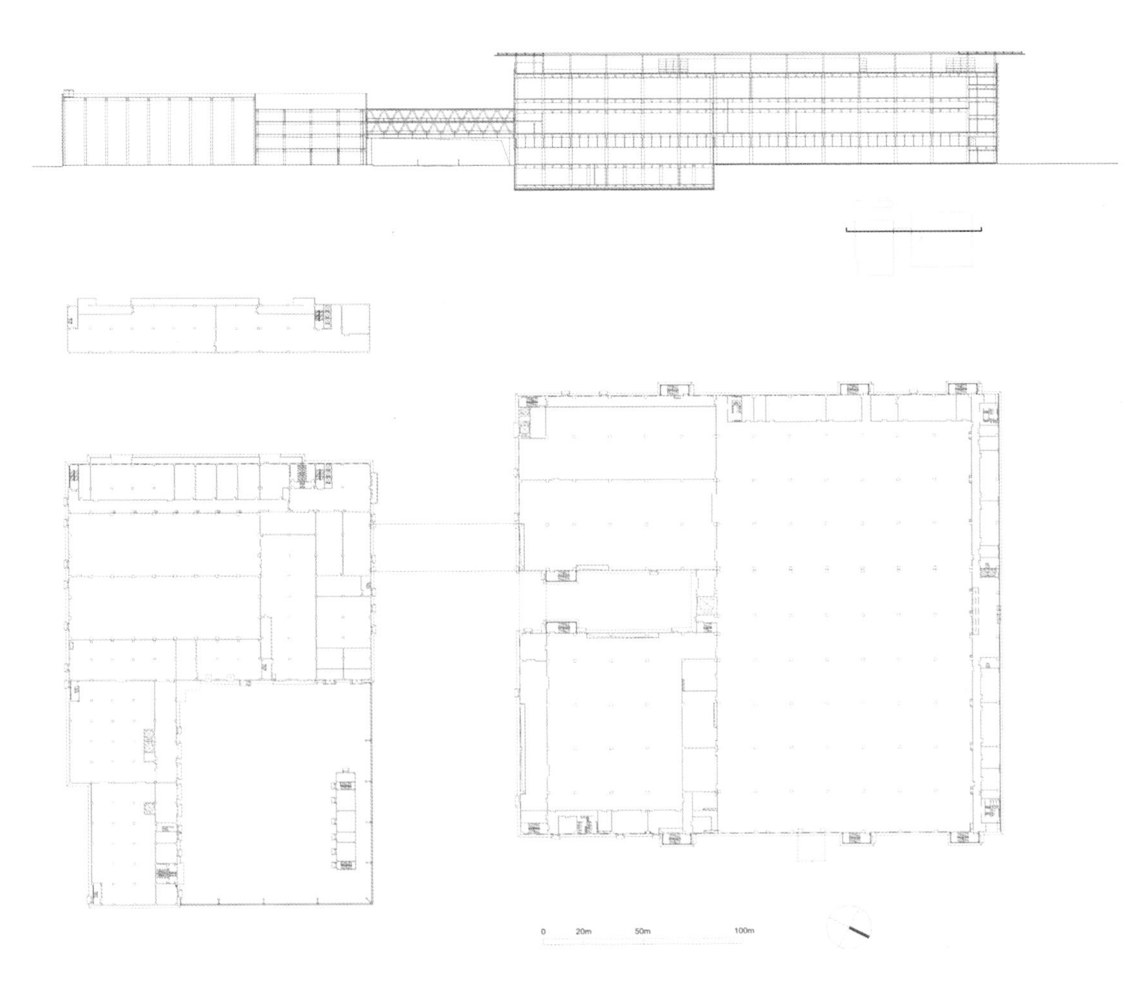
0
20m
50m
100m

Espace Sacré
Sacred Space
神圣空间

Eglise Notre-Dame de l'Arche d'Alliance, Paris, France
Notre-Dame de l'Arche d'Alliance Church, Paris, France
约柜圣母教堂, 法国巴黎

L'Eglise Notre-Dame de l'Arche d'Alliance se situe dans l'ouest de Paris. La simplicité et la rigueur géométrique définissent le volume global de l'édifice.

The Notre-Dame de l'Arche d'Alliance Church is located in western Paris. Simplicity and geometric discipline define the overall volume of the building.

约柜圣母教堂位于巴黎市西部。整个建筑呈现为简洁而严谨的立方体，象征了宗教的神圣。

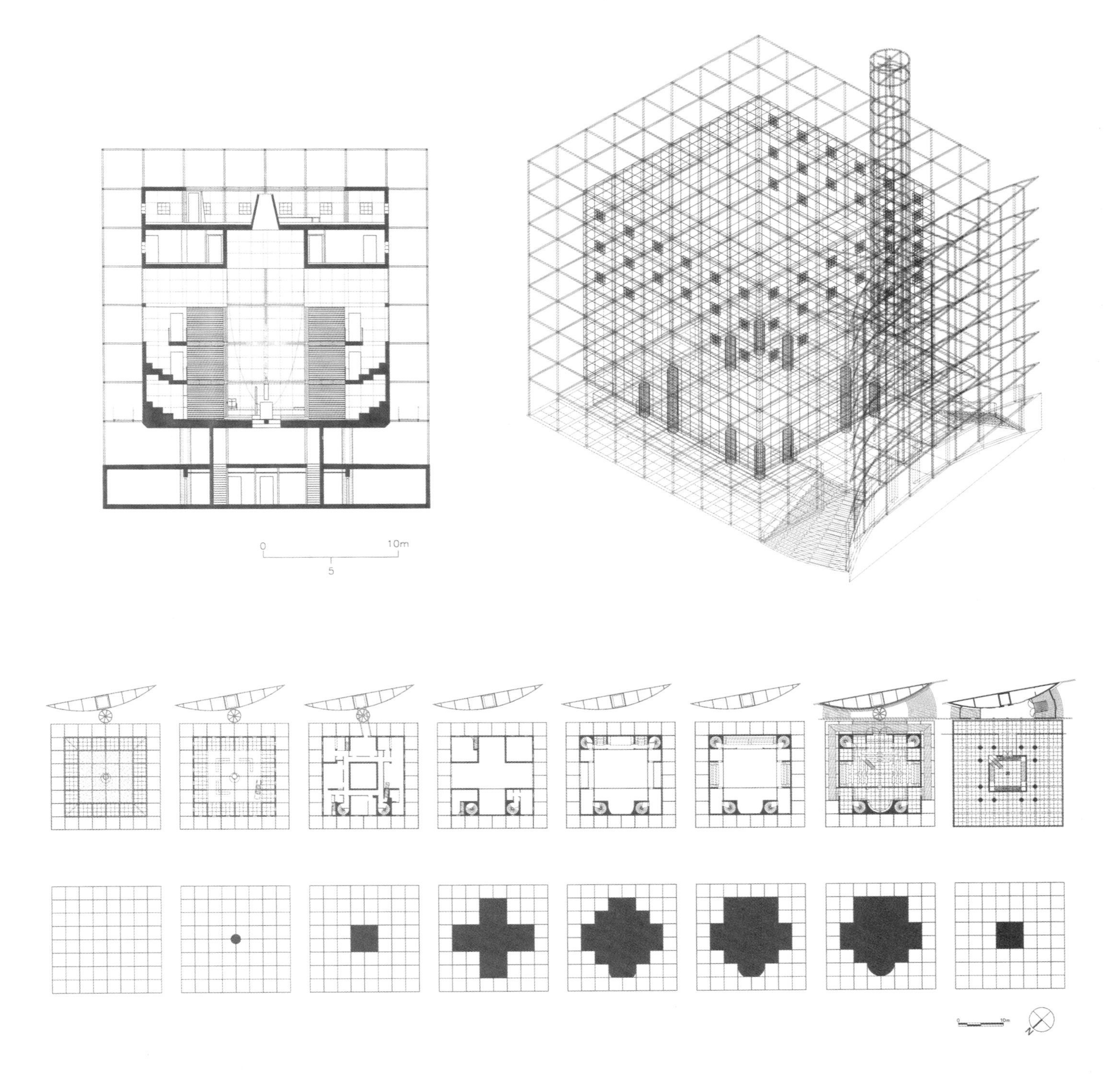

Par le centrage de la croix, ainsi que la lumière des vitraux et le jeu des volumes, l'église est traversée par les symboliques. La façade de l'église se compose d'une résille métallique tridimensionnelle, qui délimite un volume et ménage une transition entre la ville et le lieu sacré. Graphique et contemporaine, elle fait signe toute entière au milieu de la ville.

By centring the cross, the stained glass light and the play of volumes, the church is marked by symbolism. The facade is composed of a three-dimensional metal grid that defines a volume and provides a transition between the city and the holy place. Graphic and contemporary, the church acts as a signal within the city of Paris.

教堂中央十字架，透过彩绘玻璃窗的阳光，直至整个教堂体量的变化，无处不透露出浓厚的宗教象征意味。教堂外立面轮廓由三维的金属网格构架而成，在凡世（城市）与圣地（教堂）之间建立起一种过渡。教堂以强烈的视觉形象和现代设计表达在城市中心发出自己的声音。

Théâtre National de Bahreïn, Al-Manama, Bahreïn
Bahrain National Theater, Al-Manama, Bahrain
巴林国家大剧院, 巴林麦纳麦

▌Entre terre et mer, le Théâtre national du Bahreïn se singularise par sa canopée, un tissage d'aluminium ajouré qui revêt une importance majeure puisqu'elle parvient à filtrer la lumière et surtout, à maîtriser les fortes chaleurs.

▌Between the land and sea, the Bahrain National Theater is distinguished by its canopy, a weave of perforated aluminium of prime importance since it filters the daylight and above all, controls the high temperatures.

▌巴林意为"两个海洋间的国家"，那里海天一线。巴林国家大剧院以其独特的屋顶造型独立于天海之间，屋顶采用铝质材料编织形成镂空效果，在过滤阳光的同时可以达到隔热的目的。

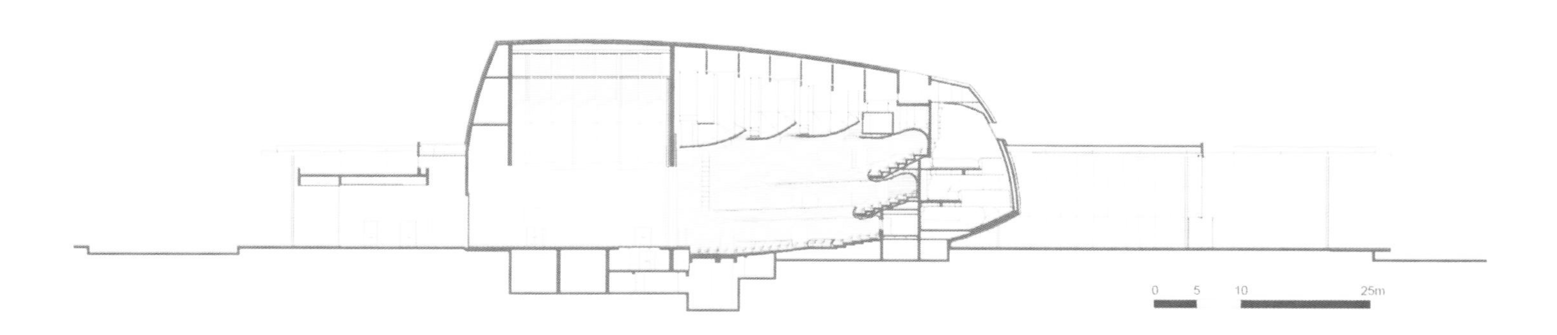
0 5 10 25m

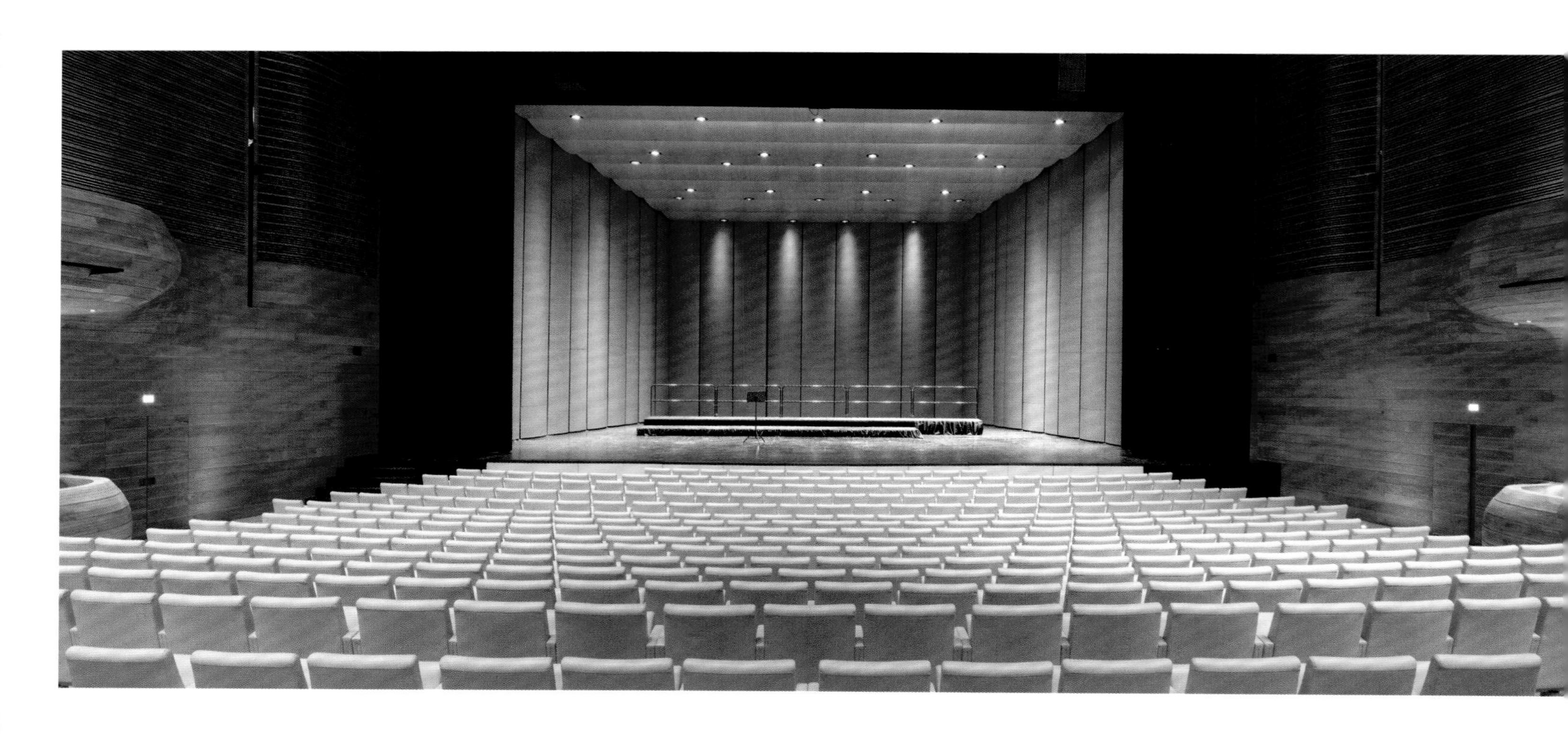

Inspirée des toits traditionnels du pays conçus en vannerie, cette grande ombrelle prolonge le vaste déambulatoire extérieur, ce qui accroît l'agrément du Théâtre. Enchâssée dans cette canopée, une coque revêtue d'inox abrite un auditorium de 1001 places. Dans la nuit de Manama, le théâtre devient onirique, fait de lumière et de reflets.

Inspired by traditional wicker roofs, this vast umbrella extends the wide outdoor walkway, another of the theater's attractive features. Set within this canopy, a stainless-steel covered shell houses a 1,001-seat auditorium. In Manama at night, between sky and sea, the theater becomes imaginary, made of lights and reflections.

源于当地传统样式的巨大屋顶向外部伸展形成室外休闲环廊，扩大了剧院的辐射范围。镂空的屋顶下包裹着不锈钢外壳的剧场，可容纳1001位观众。大剧院具有典型的阿拉伯世界文化特征。在麦纳麦的夜色之下，光与影都成为建筑整体中不可分割的一部分。

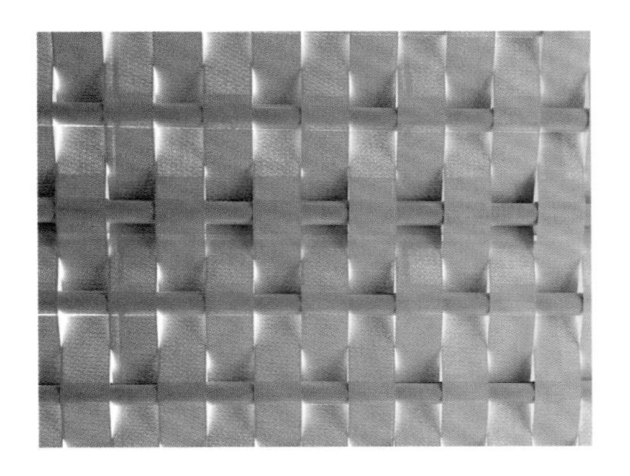

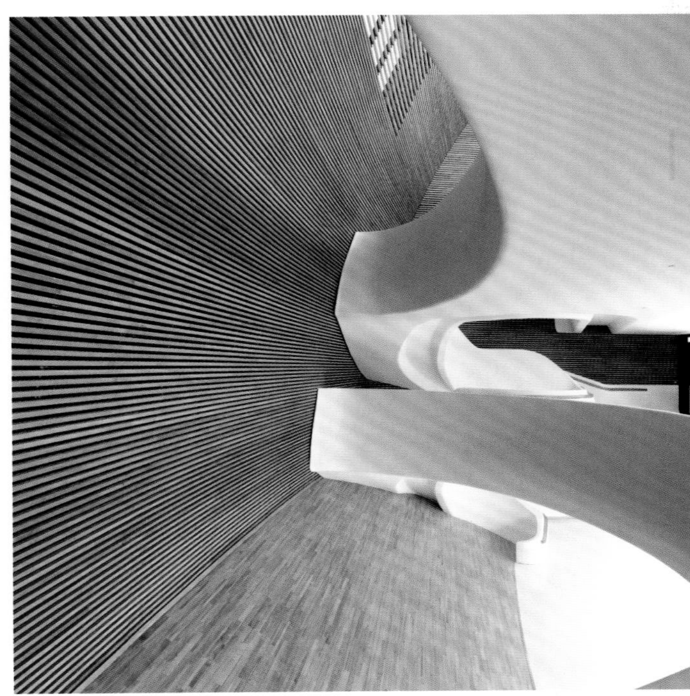

Stade Régional de Liévin, Liévin, France
Liévin Regional Stadium, Liévin, France
列万大区体育馆, 法国列万

La réhabilitation et l'extension du Stade Régional de Liévin en France s'accompagne d'un projet destiné à unifier l'ensemble du site. La transformation contemporaine de l'équipement se fait sans effacer la mémoire du lieu.

The rehabilitation and expansion of the Liévin Regional Stadium in France is complemented by a project that unifies the entire site. The contemporary transformation of the facility does not efface the past.

伴随法国列万大区体育馆翻修及扩建工程而来的任务是如何整合体育馆新老建筑。体育馆设施在进行现代化转换的同时，也保留了人们对于此处原始建筑的记忆。

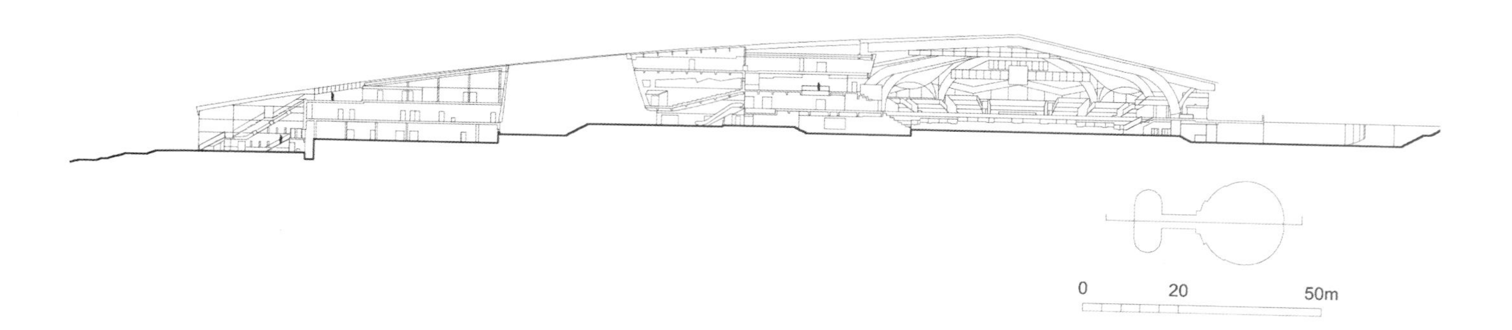
0
20
50m

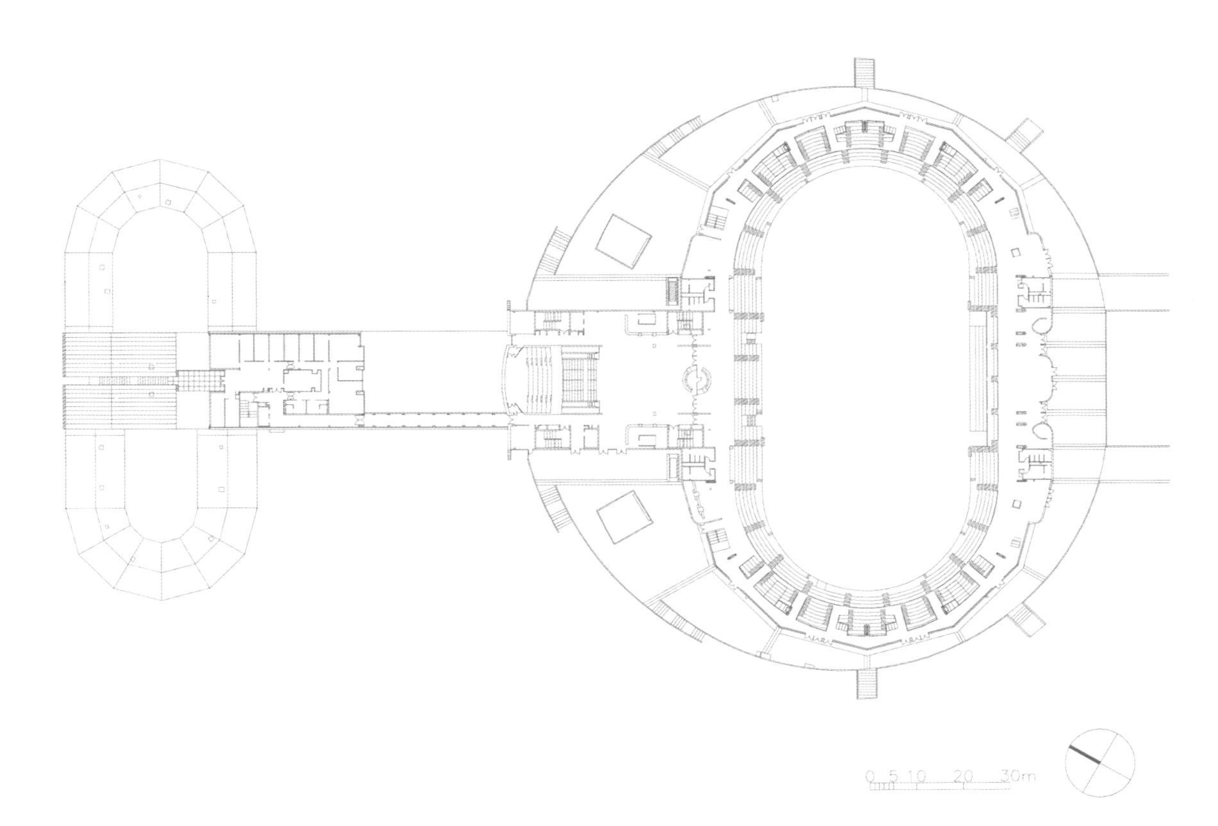

L'arc tendu qui caractérise cette unification contribue à cadrer l'espace public et en constitue le signal phare dominant. Le parti architectural et urbain s'organise selon un axe nord-sud souligné par cet arc structurant qui se décline selon les différentes échelles du projet : liens urbains, organisations des circulations intérieures, dimension architecturale.

The arc, symbol of this unification, structures the public space and forms the dominant landmark. The architectural and urban concept is set out on a north-south axis, reinforced by this arc that declines the different scales of the project; urban links, internal movement, architectural dimension.

拱形连接结构和谐地统一了新老两馆和公共区域，强调了南北主轴线，成为体育馆的新标志性建筑。建筑与规划设计沿这条主轴线按不同尺度分级铺展，包括处理项目与城市的关系、合理组织基地内部流线和建筑体量设计。

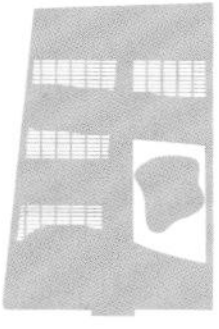

Siège Social et Laboratoires de Wison Chemical, Shanghai, Chine
Wison Chemical Headquarters and Laboratories, Shanghai, China
惠生生物化工工程园区, 中国上海

Le siège social du pôle biologique et chimique de Wison Chemical est couvert par une vaste toiture qui forme une unité visuelle dans le paysage urbain de Shanghai et crée un porche d'entrée monumental.

The Wison Chemical Headquarters and Laboratories, the biological and chemical pole, is covered by a vast roof that forms a visual unity within the urban landscape of Shanghai and creates a monumental entrance porch.

上海惠生生物化工工程园区被一个巨大的波浪型屋顶所覆盖，形成一种视觉上的鲜明效果。动态起伏的屋顶活跃了城市天际线并勾勒出一个有特色的门廊。

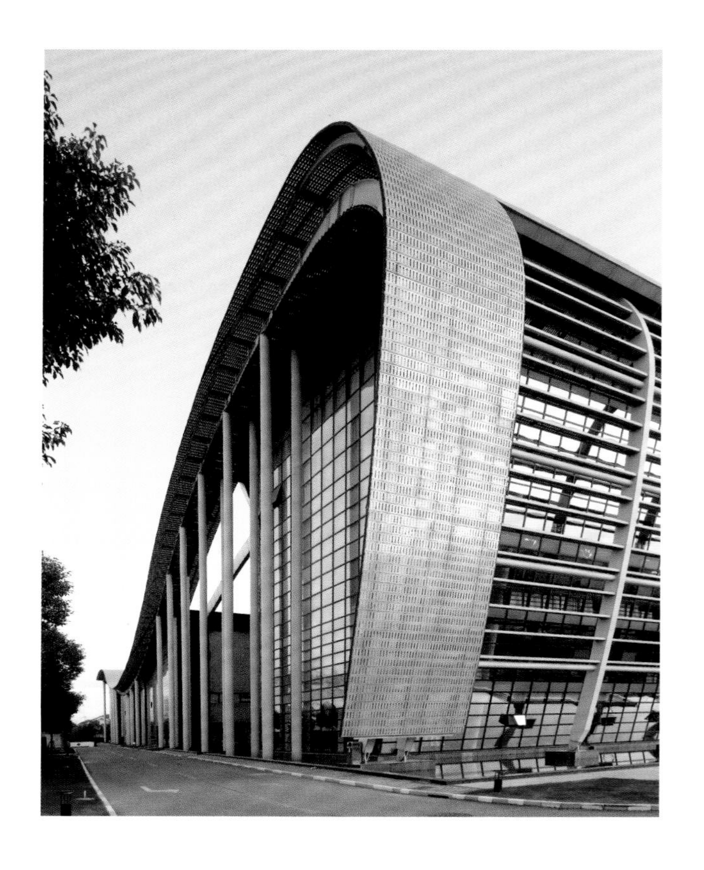

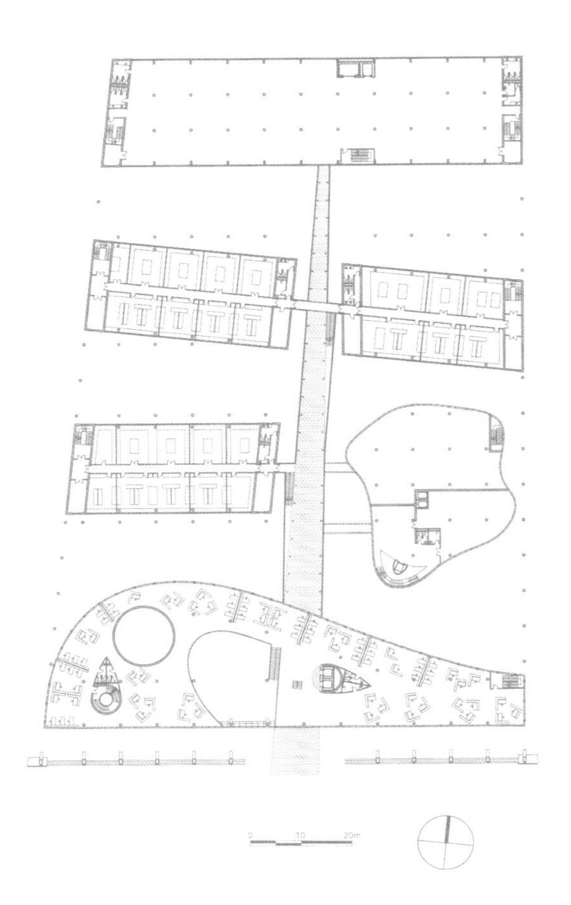

Perforée, elle laisse passer la lumière nécessaire afin d'éviter une utilisation intensive de l'éclairage artificiel. Les façades sont équipées, selon leur exposition, de brise-soleil tandis qu'à l'intérieur, la galerie centrale est aérée naturellement par des ventelles et protégée par un rideau végétal. La nature pénètre dans tout le bâtiment, créant différents jardins et constituant un environnement écologique de haute qualité.

Perforated, it allows daylight to enter to avoid the excessive use of artificial lighting. Depending upon the orientation, the facades are equipped with sunshades whilst inside, the central gallery is naturally ventilated by louvers and protected by a planted curtain. Nature penetrates throughout the building, creating different gardens to provide a high quality ecological environment.

顶部镂空设计保证室内可获得充足的自然光线，避免了由于高强度人工照明所带来的能源损耗。外立面根据朝向变化安装了尺寸不一的遮阳板，植被屋顶与通风管道令室内中央长廊可以获得自然通风。建筑内部充满绿色空间的点缀，多个形态各异的室内花园将自然融入建筑之中，形成了一种可随着季节变化的高质量生态环境。

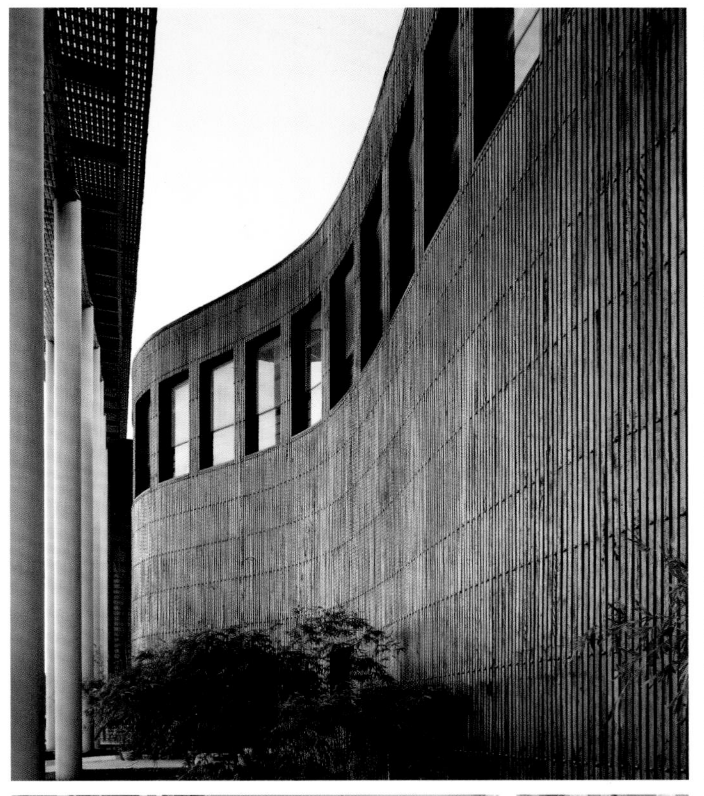

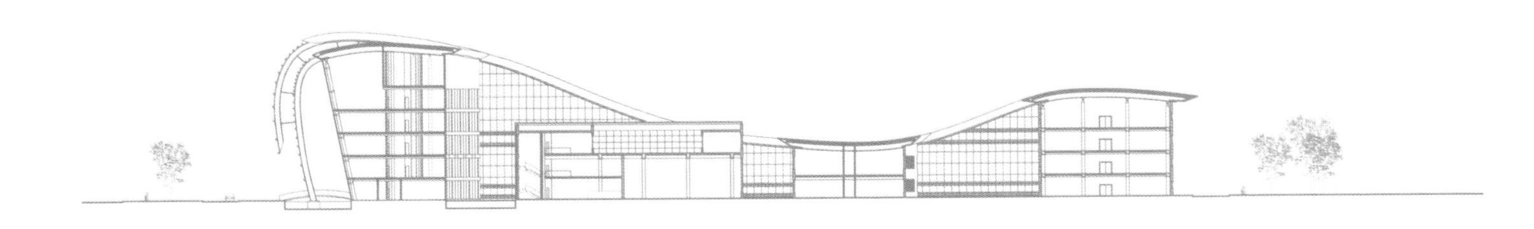
0
10
20m

Eco-Toit

Eco-Roof

生态屋顶

Bâtiment de Bureaux de Jinqiao, Shanghai, Chine
Jinqiao Office Buildings, Shanghai, China
金桥研发楼, 中国上海

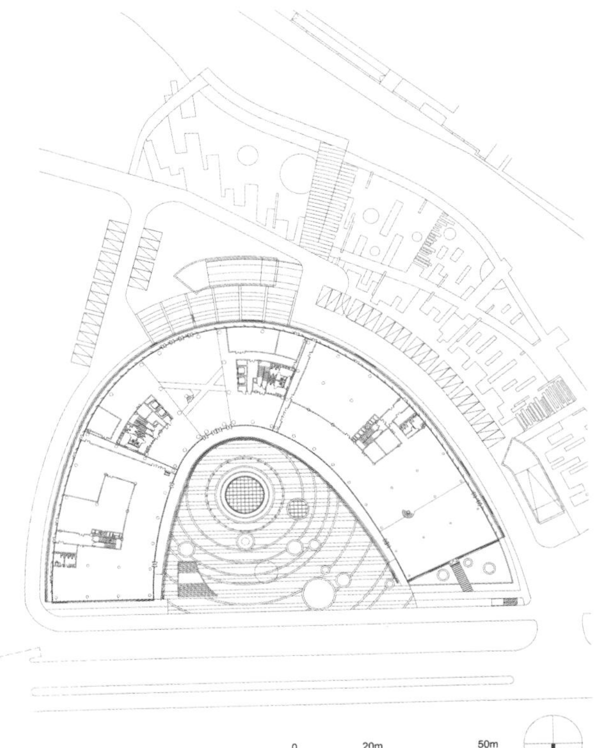

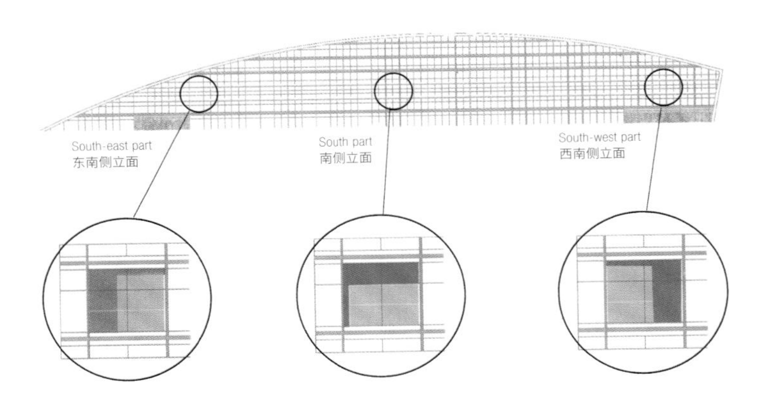

Brise-soleil horizontal et vertical
Horizontal and vertical sunshade
水平和垂直遮阳

L'immeuble de bureaux de Jinqiao en forme de « U » s'ouvre vers l'extérieur et se lie avec le paysage avoisinant les berges de Majiabang. Le bâtiment, protégé par une toiture végétale en prolongement de l'espace vert qui recouvre les berges, représente un symbole d'architecture écologique et apporte de la verdure au paysage urbain. La hauteur de la partie est du bâtiment reste modérée pour limiter les ombres portées et permettre à la lumière du soleil d'éclairer le jardin au centre. Son côté ouest au contraire, est dressé en bouclier contre les nuisances sonores de la route. Les façades nord et sud, munies d'un verre perméable et de pare-soleil, s'accordent avec la forme du bâtiment et assurent un apport agréable de lumière naturelle.

The "U" shaped Jinqiao Office Building opens outward and bonds with the landscape adjoining the banks of the Majiabang. Protected by a green roof in extension of the planted area that covers the banks, the building is a symbol of ecological architecture and adds greenery to the urban landscape. The moderate height of the east part of the building limits shadows and allows sunlight to illuminate the central garden. Conversely, its west side acts as a shield against noise from the road. The north and south elevations, composed of translucent glazing and sunshades, blend with the form of the building and provide the right amount of daylight.

采用U形设计的金桥研发楼向外部敞开，并与附近的马家浜滨河景观带保持了良好的互动。生态绿色屋顶作为绿色空间的延续，保护了屋面和室内空间，为相邻的办公楼提供了良好的景观，也成为这栋生态型建筑的象征符号。办公楼东低西高：东低既可限制遮阳范围又可令中央花园获得适当采光；西高则起到阻挡路面噪声的作用。南北立面为通透性玻璃墙面，在水平和垂直的遮阳板作用下，能够保证充足的光线、室内外景观互动及舒适的自然环境。

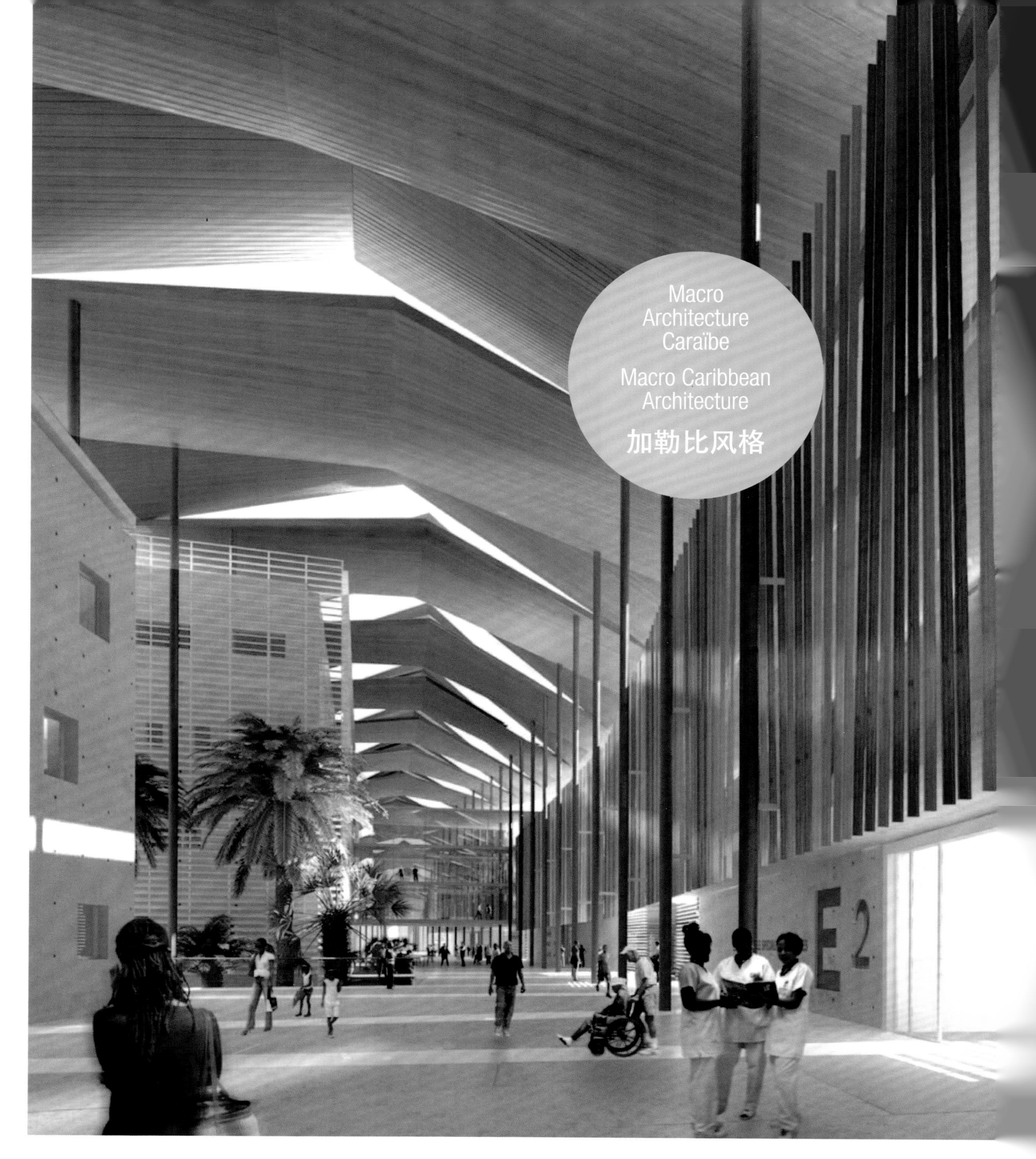

Centre Hospitalier Universitaire de Pointe-à-Pitre[1], Ile de la Guadeloupe, France
Pointe-à-Pitre University Hospital Center[1], Guadeloupe Island, France
皮特尔角城大学医疗中心[1], 法国瓜德罗普岛

1 En études / Under design / 设计深化中

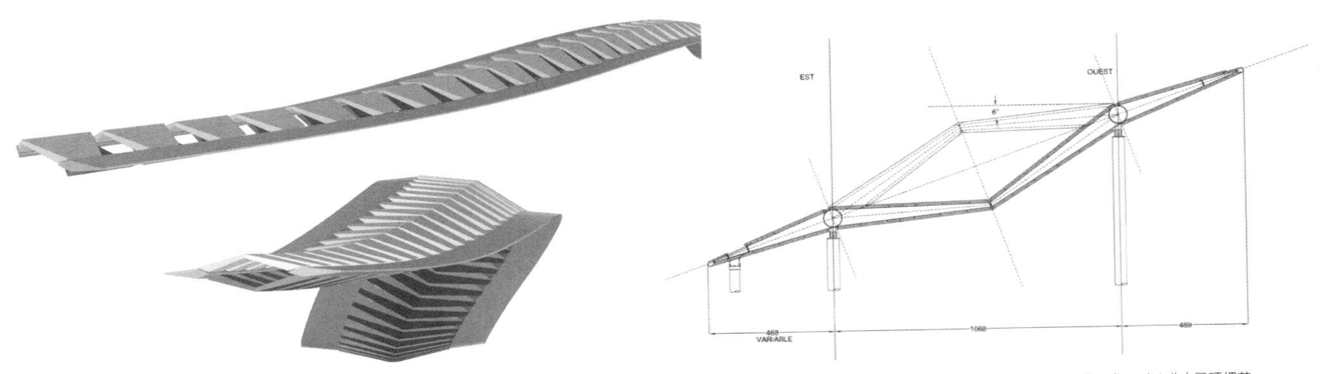

Détail de la toiture / Roofing detail / 屋顶细节

Le Centre Hospitalier Universitaire de Pointe-à-Pitre, sur l'île de la Guadeloupe dans les Caraïbes, est certifié Haute Qualité Environnementale. Adapté au climat et au mode de vie insulaire, il est conçu comme un hôpital des extrêmes, qu'ils soient sismiques, cycloniques ou sanitaires. Le projet permet de garantir une parfaite fonctionnalité médicale tout en offrant une véritable cité hospitalière grâce à une rue centrale couverte d'une toiture ajourée qui dessert l'ensemble des secteurs. Cet axe central facilite la circulation de l'air et la régulation entre la température intérieure et extérieure.

On the Guadeloupe Island, in the French West Indies, the Pointe-à-Pitre University Hospital Center is certified HQE (High Quality Environmental standard). Adapted to the island climate and way of life, it is designed as a hospital for extremes whether seismic, cyclonic or sanitary. The project guarantees perfect medical functionality whilst offering a hospital facility along a main street that gives access to all departments, covered by a perforated roof. This central axis facilitates air movement and controls the internal and external temperatures.

皮尔特角城大学医疗中心位于加勒比海瓜德罗普岛（法国海外省），是一座符合法国高质量环境标准，着眼于未来的新一代医疗中心。为了适应当地的岛屿气候条件和生活方式，医疗中心除了具备先进的医疗卫生环境，还具有超强的抗震及抗飓风能力，用于应对极端情况。项目通过一条位于医疗中心中央的封闭式走廊整合流线，为所有功能空间服务。开敞的走廊灵感来自于当地的植被，在保证遮阳功能的前提下，更利于空气的交换流通、调节室内外温度。

Village des pèlerins[1], N'Djamena, Tchad
Pilgrims' Village[1], N'Djamena, Chad
朝圣者之家[1], 乍得恩贾梅纳

1 En études / Under design / 设计深化中

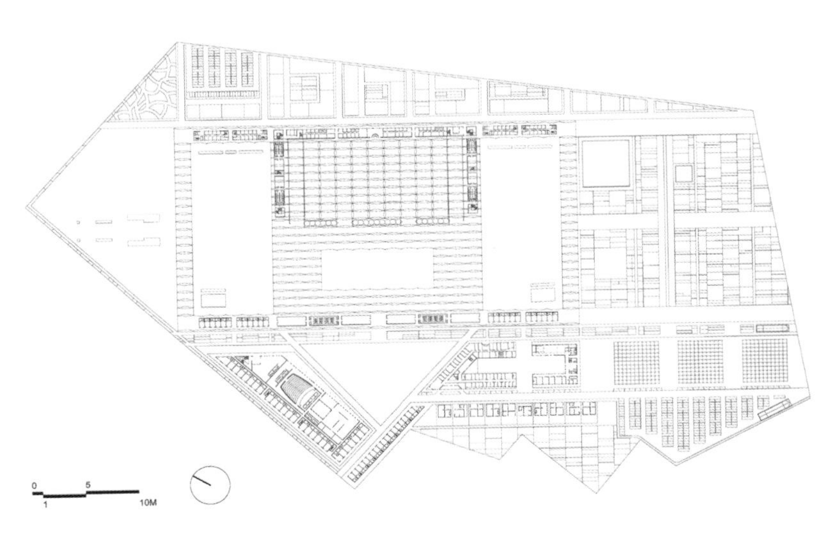

Le village des pèlerins de N'Djamena se compose d'une mosquée d'une capacité d'accueil de 80000 personnes et de nombreux espaces polyvalents dédiés à l'éducation, aux loisirs et à l'accueil d'un public varié. Pôle culturel de premier plan, le projet s'inscrit dans son contexte urbain et humain. L'architecture du site dialogue avec le patrimoine culturel du pays : les voûtes et les dômes du village font écho aux constructions vernaculaires. Espace urbain intégré à la ville, la mosquée démultiplie ses capacités d'accueil grâce à sa canopée qui se prolonge dans les jardins de plaisance. Ces espaces publics protégés et de qualité peuvent être utilisés par la population de N'Djamena en dehors des événements de la mosquée. Flexible et multi-usages, le complexe devient un équipement public participant à l'amélioration des conditions de vie des habitants et à la fabrique de la ville.

The pilgrims' village in N'Djamena is composed of an 80,000-person capacity mosque and many transformable educational, leisure and reception spaces for a diverse public. An important cultural center, the project fits into the urban and human context. The architecture dialogues with the cultural heritage of the country. The arches and domes of the village echo vernacular buildings. An urban space integrated into the city, the mosque can increase its capacity due to its canopy that extends into the informal gardens. These protected and quality public spaces can be used by N'Djamena residents besides the mosque events. Flexible and multi-purpose, the complex is a public facility that improves the living conditions of the inhabitants and the urban composition.

朝圣者之家的修建为乍得的伊斯兰教徒提供了一个可供8万人聚会与祈祷的场所。设计力图将其打造成为现代化穆斯林文化交流中心，是一个集教育、娱乐与接待于一身的多功能空间。项目立足于其所在城市与人文环境，通过采用极具非洲穆斯林地区建筑特色的拱顶与圆盖，令建筑与国家文化遗产之间形成对话关系。通过延长清真寺的顶部至游乐花园，除了能更好地融入都市环境，还提高了建筑的接待能力。大面积高质量的庇荫空间可供当地民众举办各项室外活动使用。这座可灵活使用的多功能综合体建筑将成为改善居民生活条件、增强城市活力的重要公共设施。

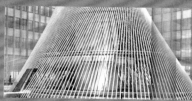

ESPACE TAMPON

BUFFER SPACE

缓冲空间

Donner plus d'espace et de volume aux utilisateurs à travers des surfaces d'activités partagées fait partie des préoccupations d'AS.Architecture-Studio depuis de nombreuses années. Ces espaces tampon offrent des respirations dans les bâtiments et les programmes, augmentent la qualité fonctionnelle du bâtiment, permettent des usages variés et peuvent avoir un rôle important en matière d'économie d'énergie. Entre intérieur et extérieur, ces espaces intermédiaires font coexister plusieurs climats à l'intérieur d'un même bâtiment.

Couvert par une enveloppe vitrée extérieure, l'espace tampon du collège **Guy Dolmaire de Mirecourt** permet une régulation thermique passive et gratuite du bâtiment. Pouvant accueillir jusqu'à 2500 personnes, le foyer du **théâtre Le Quai à Angers**, intègre plusieurs usages et tempère le volume d'air en s'ouvrant grâce à des ventelles. Créé au centre du bâtiment par une toiture vitrée, l'agora de la **Maison de la Radio** à Paris conserve l'apport de lumière naturelle tout en offrant un espace tempéré ouvert sur le jardin central. La restructuration du **campus de Jussieu** à Paris est complétée par la création de liaisons végétalisées avec le quartier, véritables espaces publics qui désenclavent le site.

Le hall du **Musée des Sciences Naturelles de Lhassa** noue un dialogue entre l'édifice et l'environnement, l'espace bâti et l'espace extérieur. La **Cité des Sciences et Technologies de Chongqing** s'ouvre sur un escalier-jardin qui offre une promenade panoramique sur le Yangze et le Jialing. L'espace central de la **tour de bureaux de Ningbo** abrite divers équipements qui desservent les quatre blocs du bâtiment SOHO.

To give users more space and volume through shared activity spaces has preoccupied AS.Architecture-Studio for many years. These buffer spaces give air to buildings and programs to improve the functional quality of the building, to allow a variety of uses and can have an important role in energy conservation. Between the inside and outside, these interstices allow several climates to coexist within the same building.

Covered with an external glazed envelope, the buffer space of **Guy Dolmaire Secondary School** in Mirecourt provides the building with passive thermal control. Accommodating up to 2,500 persons, the **Le Quai Theater** in Angers lobby integrates multiple uses and cools the air volume with louvers. Located at the center of the building, the **Maison de la Radio** in Paris glazed roof atrium maintains the daylight level whilst providing a cool space open onto a central garden. The replanning of the **Jussieu campus in Paris** provides planted links with the neighbourhood, real public spaces that liberate the site.

The **Tibet Natural Science Museum** auditorium establishes a dialogue between the building and the environment, the built environment and outdoor space. The **Chongqing Museum of Science and Technology** opens onto a staircase-garden to create a panoramic promenade overlooking the Yangtze and Jialing Rivers. The central space in the **Ningbo Office Tower** accommodates various facilities that serve the four SOHO building blocks.

法国AS建筑工作室多年来主张通过空间共享为建筑使用者提供更多活动空间。这些共享空间在建筑和外部环境之间形成自然过渡，犹如膨胀的双层幕墙，我们称之为“缓冲空间”。它不仅为不同用户提供了一个多功能活动区域，也减少了建筑在温度调节上的能量损耗。

位于法国密尔古的**居·多尔迈勒中学**由玻璃外层创造的封闭空间形成缓冲区域，被动且无偿地调节建筑物热度。昂热**河岸剧院**文化建筑群可容纳2500人的迎宾大厅同样选择了缓冲空间设计，宽阔的玻璃空间在提供丰富应用的同时调节着室内设施的空气温度。**法国广播电台大厦**的环状玻璃屋面将中庭和环形建筑物连接起来，构造出一个开放的中心花园，保证了内部的自然采光。**巴黎第六大学**改造工程利用绿化带的嵌入加强了与周围街区的紧密联系，并创造出宜人的公共空间。

西藏自然科学博物馆的缓冲空间构架起建筑内部与室外环境的对话，让建筑与环境融为一体。位于长江口岸渝中半岛的**重庆科技馆**内的中空花园让参观者饱览扬子江和嘉陵江的美景。**宁波东部新城办公楼和SOHO塔楼**通过相互错落的建筑体块有机结合了多种功能空间。

Théâtre Le Quai, Angers, France
Le Quai Theater, Angers, France
河岸剧院, 法国昂热

Le théâtre Le Quai à Angers, certifié Haute Qualité Environnementale, regroupe un théâtre de 971 places, un théâtre modulable de 400 places, une école de théâtre et de danse, un restaurant. Sa structure transparente et son grand parvis expriment son ouverture à la ville, à son environnement, aux artistes et à tous les publics.

The Le Quai Theater in Angers, certified HQE (High Quality Environmental standard), includes a 971-seat theater, a transformable 400-seat theater, a drama and dance school, and a restaurant. The transparent structure and vast parvis express its openness to the city, to its environment, to artists and the general public.

符合高环境质量标准的昂热河岸剧院包含一座可容纳971人的大型剧院，一座可容纳400人的可变形剧院，一座戏剧舞蹈学院以及一个餐厅。河岸剧院透明的结构与宽敞的室外走廊表达了建筑面向城市、环境、艺术家与公众的开放态度。

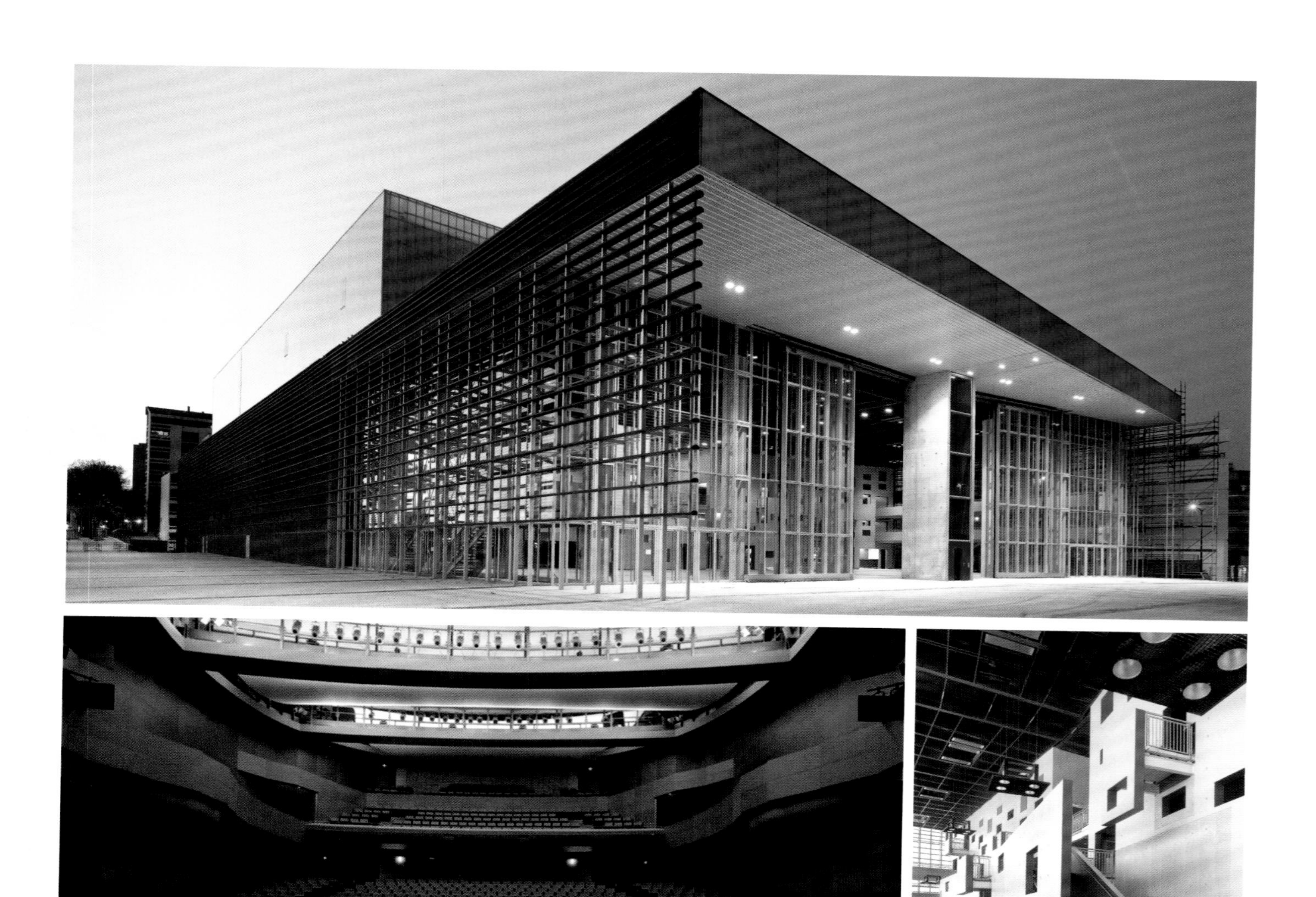

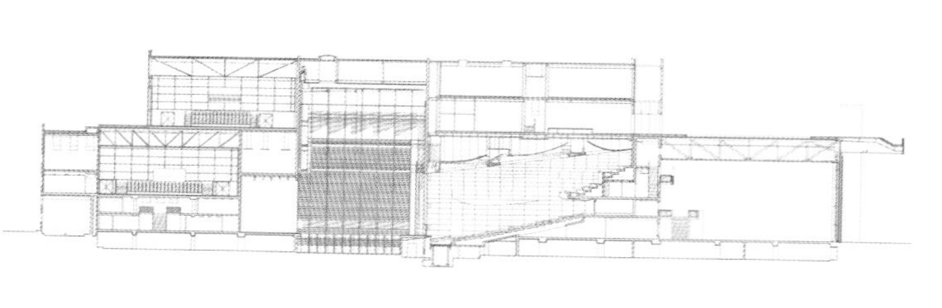

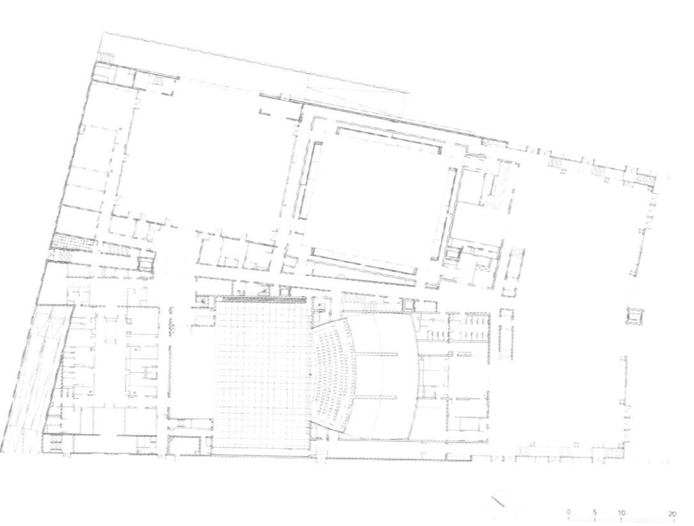

Le forum s'ouvre sur le parvis par deux portes monumentales. D'une capacité d'accueil de 2500 places, cet espace tampon peut servir de déambulatoire, d'espace d'exposition ou de salle de spectacle. Vitré sur trois côtés, il profite des apports lumineux et tempère le volume d'air en s'ouvrant généreusement grâce aux ventelles est et ouest. Côté rivière, le toit forme une casquette asymétrique qui le protège des rayons du soleil. Le public accède aux deux salles de théâtre à travers un voile de béton épais largement percé qui offre des vues sur le forum et la ville.

The forum opens onto the parvis through two monumental gates. With its 2,500-seat capacity, this buffer space can be used as walkway, exhibition space or auditorium. Glazed on three sides, this space takes advantage of the daylight and cools the air volume by opening wide through east and west louvers. Towards the river, the roof forms an asymmetrical cap that protects the parvis from the sun. The public have access to both theaters through a thick, largely perforated concrete wall that gives views towards the forum and the city.

迎宾大厅两道雄伟的大门可通向室外走廊。这个可容纳2500人的缓冲空间可作为流动回廊、展览空间或演出厅等多功能空间。大厅三面为玻璃幕墙，东西侧设有通风天窗，享受日光的同时可调节空气温度。临河一侧屋顶的不对称帽型结构可阻隔日光侵扰。一个布满大小不一窗口的混凝土"大幕布"既是两个剧场的入口，又是迎宾大厅与城市的观景平台。

Collège Guy Dolmaire, Mirecourt, France
Guy Dolmaire Secondary School, Mirecourt, France
居・多尔迈勒中学, 法国密尔古

Le collège Guy Dolmaire de Mirecourt s'intègre de manière harmonieuse dans son environnement urbain et naturel grâce à la monumentalité douce de son architecture en bois. Caractéristique de l'architecture bioclimatique, l'espace tampon, couvert par l'enveloppe vitrée extérieure, permet une régulation thermique passive et gratuite du bâtiment.

The Guy Dolmaire Secondary School in Mirecourt fits harmoniously into its natural and urban environment through the soft monumentality of its timber architecture. Characteristic of bioclimatic architecture, covered by the outer glazed skin, the buffer space provides free, passive thermal control of the building.

位于密尔古的居·多尔迈勒中学因主要使用木质材料而与城市及自然环境和谐地融为一体，并在视觉上获得了柔和的不朽质感。这幢生物气候型建筑由玻璃外层创造出封闭的缓冲空间，用于被动且无偿地调节建筑物温度。

Chauffé en hiver par le soleil, il en est abrité l'été grâce à l'effet parasol du toit, et refroidi grâce à la ventilation assurée par près de 2000 ventelles mobiles. Ce dispositif permet une diminution de 50% de la consommation énergétique pour le chauffage. La structure en bois permet également de stocker du CO2 et participe à la réduction des émissions de gaz à effet de serre. Certifié Haute Qualité Environnementale, ce projet a été récompensé par de nombreux prix.

Heated in winter by the sun, it is sheltered in summer by the parasol effect of the roof and cooled through ventilation provided by nearly 2,000 adjustable louvers to make a 50% reduction in space heating energy consumption. The timber structure also allows to store CO_2 and contributes to the reduction of greenhouse gas emissions. Certified HQE (High Quality Environmental standard), the project has received numerous awards for its environmental quality.

冬季时依靠日光加温，夏季时则通过屋顶与挡板的阳伞效应进行自我保护，并依靠2000片活动式百叶窗的换气功能达到降温的效果。这样的配置使能源减耗50%左右。此外，回归质朴的木质结构还可用于存储二氧化碳，减少温室气体排放。本项目符合高质量环境标准，已多次荣获绿色建筑设计奖项。

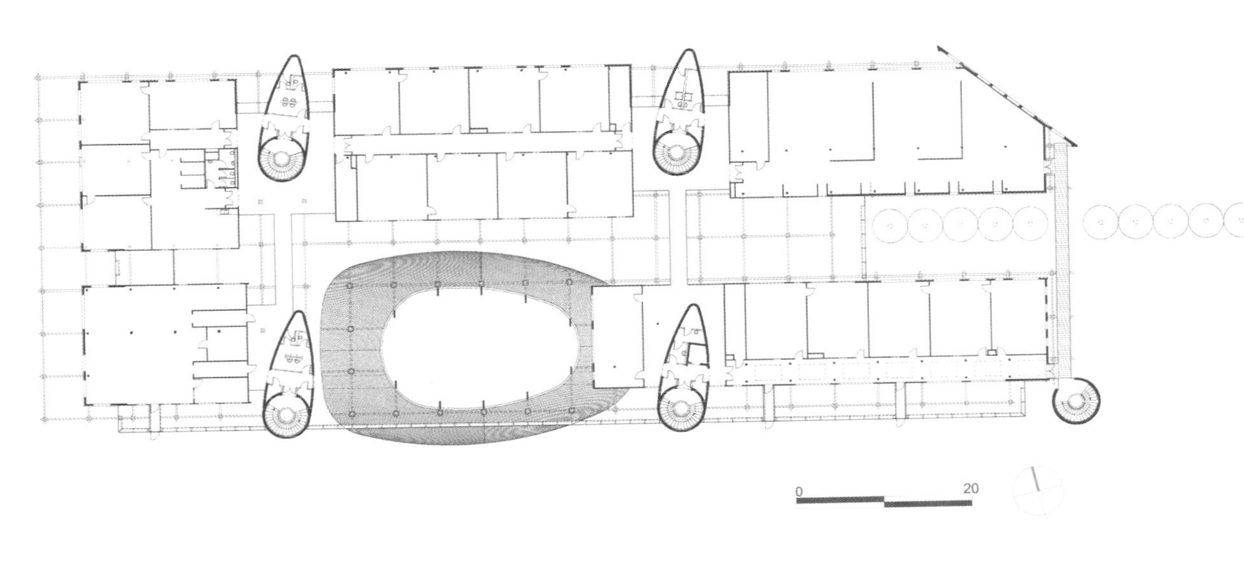
0
20

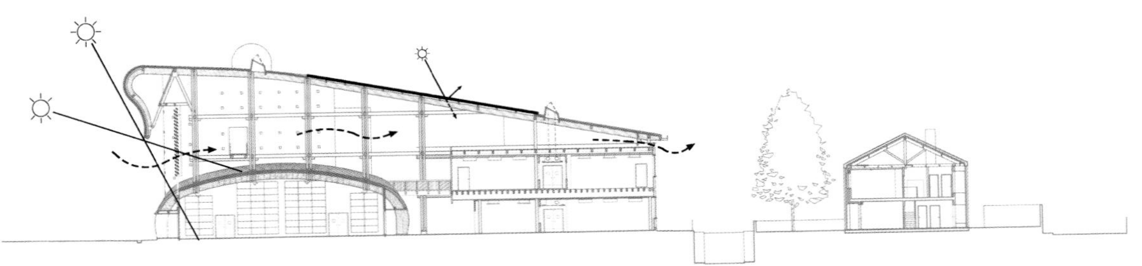

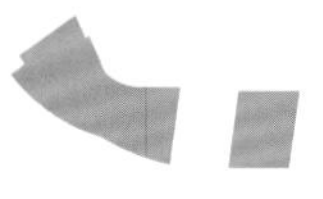

Cité des Sciences et Technologies de Chongqing, Chongqing, Chine
Chongqing Museum of Science and Technology, Chongqing, China
重庆科技馆, 中国重庆

▌La cité des Sciences et Technologies de Chongqing comprend plusieurs salles d'expositions, un planétarium, un aquarium, une fusée, une géode, une cité des enfants, un centre de conférences et un restaurant.

▌The Chongqing Museum of Science and Technology includes several exhibition halls, a planetarium, an aquarium, a rocket, a geode, a children center, a conference center and a restaurant.

▌重庆科技馆位于长江口岸渝中半岛的东北，包括天文馆、水族馆、火箭馆、电影院、儿童城、大型会议中心、餐饮区和多个展厅。

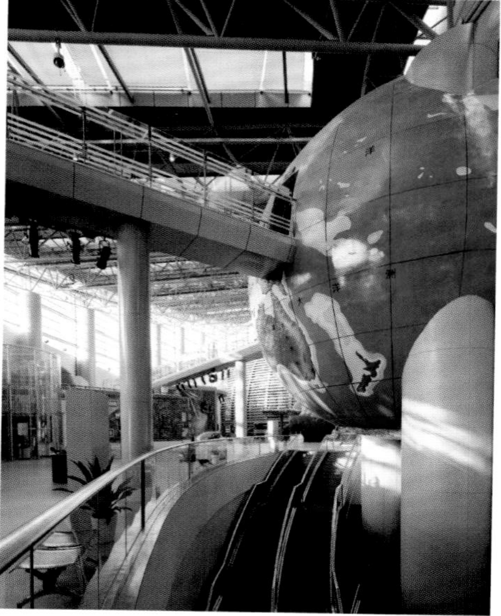

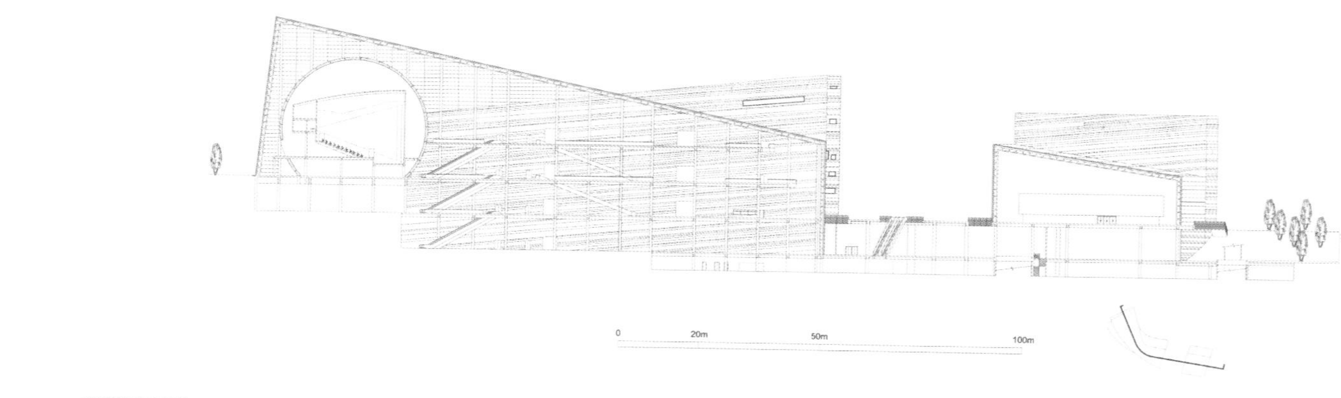

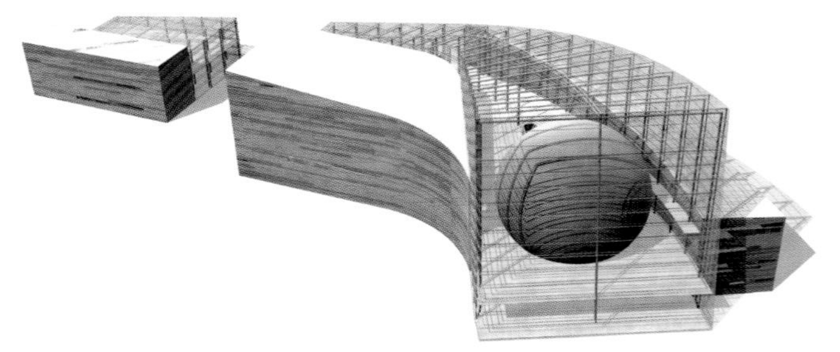

Située au nord-est de la péninsule de Yuzhong formée par les fleuves Yangze et Jialing, la Cité des Sciences & Techniques est une des dix installations publiques majeures de la ville. Ce pôle culturel urbain est conçu en écho avec le paysage de fleuves et montagnes alentour. Ce bâtiment emblématique stimule le nouveau développement urbain durable de Chongqing.

Located in the northeast of the Yuzhong peninsula formed by the Yangtze and Jialing Rivers, the Museum is one of the ten major public facilities within the city. This urban cultural center is designed to echo the surrounding river and mountain landscape. This iconic building stimulates new sustainable urban development in Chongqing.

重庆科技馆是重庆市十大主要公共设施之一，它通过坚硬的石材与通透的玻璃两种材质相间的独特外观，呼应“山水之城”的特征。建筑与周围环境和谐统一，作为标志性建筑物继续激励城市的可持续发展。

入口 Entrance

Réhabilitation de la Maison de Radio France[1], Paris, France
Rehabilitation of the Maison de Radio France[1], Paris, France
法国广播电台大厦改造[1], 法国巴黎

1 En construction / Under construction / 建设中

1. Grand auditorium / Great auditorium / 大演播厅

2. Agora / Agora / 中央大厅

▌Préservant l'architecture d'origine de la Maison de la Radio, le projet de restructuration repense la relation du bâtiment à la ville et propose des aménagements intérieurs plus durables et fonctionnels. Créé au centre du bâtiment, un grand atrium devient le nouveau cœur de l'édifice. Cette agora, dotée d'une toiture vitrée, permet de conserver l'apport de lumière naturelle tout en offrant un espace tempéré ouvert sur le jardin central. Les vitrages des façades de la tour et de la petite couronne ont été remplacés par des façades neuves aux performances énergétiques nettement améliorées. Le système de géothermie dont bénéficiait la Maison de la Radio dès l'origine a été repensé et optimisé. L'eau récupérée par des pompes à chaleur alimente le chauffage en hiver et refroidit le système de climatisation en été.

▌Conserving the original architecture of the Maison de la Radio, the renovation project rethinks the relationship between the building and the city and proposes more sustainable and functional interiors. Created in the center of the building, a large atrium becomes the new heart of the building. This glazed roof maintains the daylight whilst providing a warm open atrium space that overlooks the central garden. The glazed facade of the tower and the inner ring have been replaced with improved thermal performance elevations. The geothermal system used by the Maison de la Radio has been redesigned and improved. Water recovered by the heat pumps supplies space heating in winter and cools the air conditioning system in summer.

▌法国广播电台大厦在保留其原有设计风格的基础上进行翻新改建，重新定义了建筑与城市的关系，并对室内空间的功能与建筑可持续发展做出了一系列创意。位于大厦正中央玻璃天窗下方的环形中庭，在收集自然光线的同时，创造出一个温度宜人的向中央花园开放的缓冲空间。中央塔楼与外围长廊的玻璃外墙均使用新型节能材料，可显著提高建筑节能效率。设计将原有的地暖系统进行进一步优化，并将冬季取暖用水循环利用作为夏季空调冷却用水。

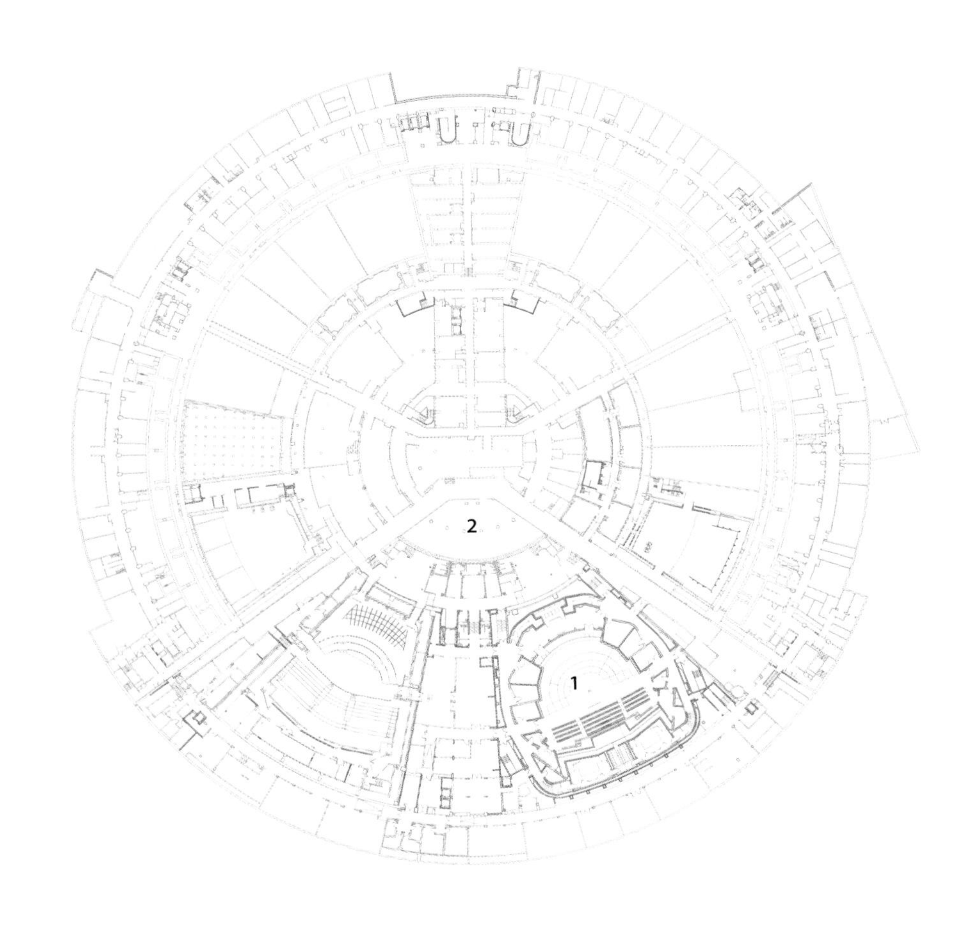

Musée des Sciences Naturelles du Tibet[1], Lhassa, Chine
Tibet Natural Science Museum[1], Lhasa, China
西藏自然科学博物馆[1], 中国拉萨

1 En construction / Under construction / 建设中

▌Le musée des Sciences Naturelles du Tibet, encadré par les montagnes, s'intègre parfaitement dans son environnement naturel. L'architecture du bâtiment fait référence aux origines du peuple tibétain : elle reprend l'image du « khata » (écharpe de félicité bouddhiste), ainsi que les motifs du mandala et du nœud sans fin en façade. La différence d'épaisseur des motifs en façade permet de filtrer le soleil afin de contrôler la lumière et la température intérieure. Le musée est doté d'un grand hall central, signifié à l'entrée par la découpe de la façade. Ce volume monumental baigné de lumière, espace tampon entre intérieur et extérieur, accueille les visiteurs, favorise les rencontres et les échanges.

▌Surrounded by mountains, the Tibet Natural Science Museum fits perfectly into its natural environment. The architecture refers to the origins of the Tibetan people. It reworks the image of a "khata" (Tibetan ceremonial scarf) and the motifs of the mandala and endless knot in elevation. The difference in thickness of the facade motifs filters the sun to control internal daylight and temperature. The museum has a large central hall indicated at the entrance by the cut in the facade. This monumental volume bathed in light, buffer space between inside and outside, welcomes visitors, promotes contacts and exchanges.

▌西藏自然科学博物馆依山而建，从周围的山脊汲取灵感，与自然环境完美交融，呈现出简洁硬朗的几何外形。项目外形呈两臂伸展状，彷佛在向远方的贵宾献上美丽的哈达。建筑立面纹案的基本结构源于西藏文化与藏传佛教的象征元素——曼荼罗和吉祥结的结合，表达着"和谐"、"密切"与"无极"的思想。立面图案通过厚度变化来控制室内采光和温度。博物馆的外形和立面也定义了内部的通高开敞大厅，沐浴在阳光下，作为内外的缓冲空间，邀请人们在这里互动交流。

Structure de mandala
Structure of mandala
曼荼罗结构

Structure du nœud san fin
Structure of the Endless knot
吉祥结结构

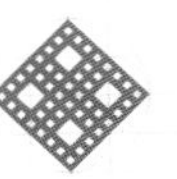

Motif de la façade
Facade pattern
立面纹案

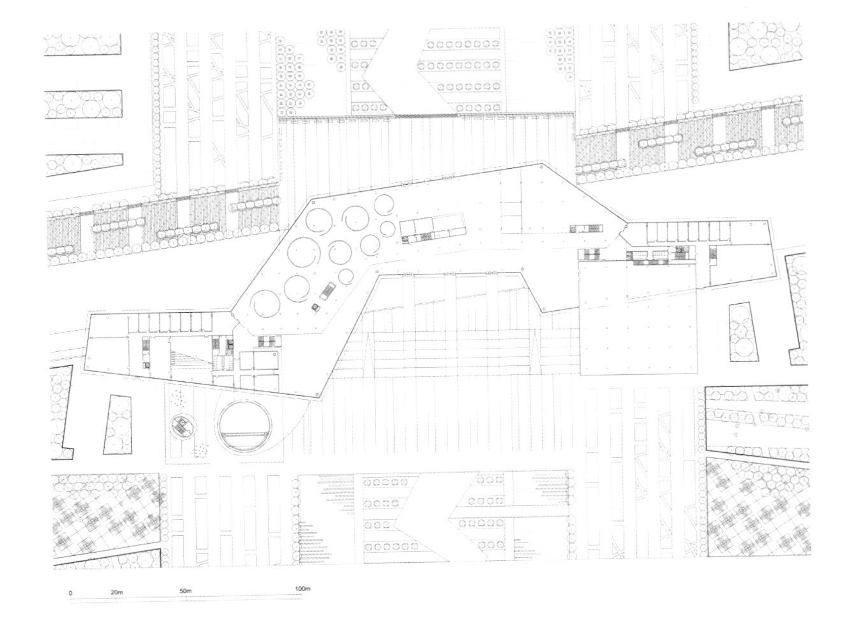

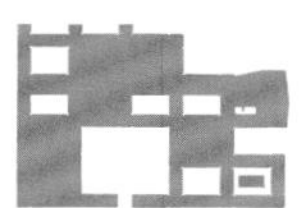

Réhabilitation du Campus de Jussieu[1], Paris, France
Jussieu University Rehabilitation[1], Paris, France
巴黎第六大学改造[1], 法国巴黎

1 En construction / Under construction / 建设中

Le chantier / Construction site / 在建工地

▌Le campus de Jussieu, le plus grand pôle universitaire scientifique de France, constitue un équipement parisien majeur à la fois par la qualité de son enseignement et par la dimension du site, d'échelle comparable à celle du Louvre ou des Invalides. La réhabilitation du secteur est achèvera la restructuration globale du campus, emblématique des années 70. L'un des enjeux de cette rénovation réside dans le désenclavement du campus, afin de lui redonner une place de référence dans la géographie urbaine de l'est parisien. Son ouverture sur la ville est renforcée par la création de liaisons fortes avec le quartier et le traitement de ses abords, dans le cadre d'une réflexion globale sur l'ensemble urbain. L'ambiance minérale du campus est adoucie par une végétalisation du site.

▌The Jussieu Campus, the biggest scientific university pole in France, is a major Parisian facility for both the quality of its teaching and the extent of its site comparable in scale to the Louvre or the Invalides. The east sector rehabilitation will complete the overall transformation of the campus, emblematic of the 1970s. One of the challenges of this renovation is to open up the campus to restore its position as a reference within the urban geography of eastern Paris. Its opening towards the city is enhanced by creating strong links with the neighbourhood and the treatment of its surroundings as part of a comprehensive study of the urban composition. The mineralised atmosphere of the campus is softened by the planting on the site.

▌巴黎第六大学是法国最大的大学科研中心，因其教学质量高超及堪比卢浮宫或荣军院的占地规模，已成为巴黎一处重要的基础设施。校区的设计类型及整体设计理念是70年代的典型建筑象征，外形为严谨的几何体量。大学东区的改造标志着整个校区重建工程的结束，也意味着此处将重新成为巴黎东部地标。在对周边环境进行综合思考后，设计将以往较为封闭的校区通过多处与城市的连接和对其边界的改造重新向城市开放，校园内建筑钢筋水泥的冰冷感随着绿化带的嵌入而变得柔和。

Bureaux et SOHO de la Porte Est de Ningbo[1], Ningbo, Chine
Ningbo East Gateway Office and SOHO Tower[1], Ningbo, China
宁波东部新城门户区办公楼[1], 中国宁波

1 En construction / Under construction / 建设中

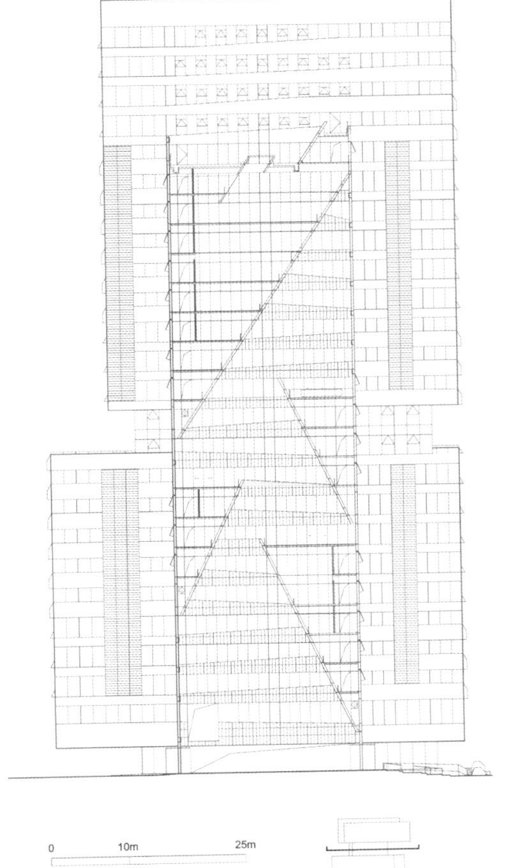

▌Le projet de Ningbo comprend deux tours de bureaux et SOHO (Small Office/Home Office), disposées de part et d'autre de la rivière. Pour s'intégrer au mieux à son environnement, l'architecture est composée de trois strates qui correspondent à la ligne d'horizon du site : un podium équivaut aux toits-terrasses environnants ; un bloc-écran rappelle les immeubles de taille moyenne alentours ; et une tour répond aux tours existantes. La métaphore de l'arbre sert de squelette aux bâtiments et relie les différents espaces fonctionnels entre eux. L'espace central de la tour de bureaux abrite un hall de conférence, une galerie, un jardin suspendu et des espaces de services.

▌The Ningbo project is composed of two office and SOHO (Small Office/Home Office) towers on both sides of the river. To fit into its environment, the architecture consists of three layers that match the site horizon; a podium relates to the surrounding flat roofs, a screen-block makes reference to the surrounding medium height buildings, and one tower refers to the adjoining towers. The tree metaphor serves as a skeleton to the buildings and links the different functional spaces. The central space of the office tower accommodates a conference hall, a lounge, a gallery, a roof garden and service areas.

▌宁波东部新城门户塔楼由南北两栋隔河相望的百米塔楼组成，北楼为办公楼，南楼为SOHO。设计遵循城市轴线肌理，自下而上的三组体量分别与三条城市水平线平行呼应：裙房对应周边屋顶平台，石材组群呼应周边中型建筑，高层塔楼回应现存超高层塔楼。建筑空间呈树形分布，树形布局既是空间骨架，又成为不同功能区域的黏合剂。高层办公塔楼中庭作为整幢建筑的缓冲空间，包括会议厅、休息平台、景观廊桥、空中花园及其他公共服务区域。

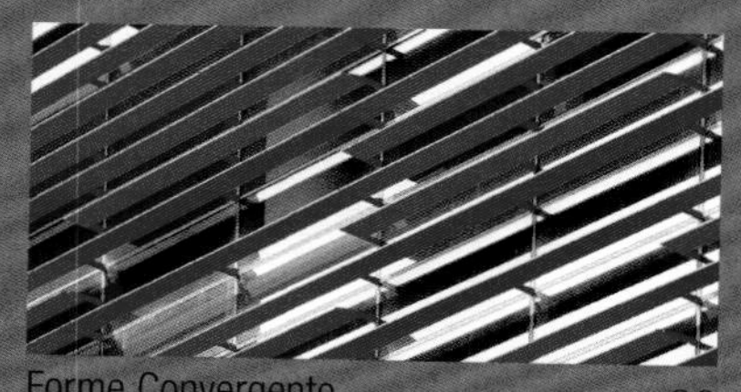

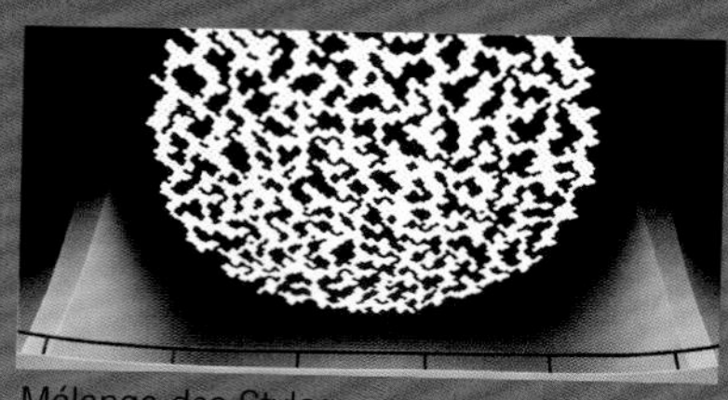

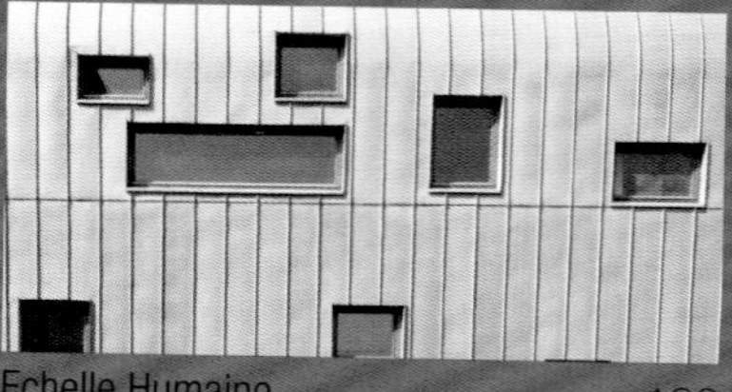

ARCHITECTURE PAYSAGE
LANDSCAPE ARCHITECTURE
景观建筑

L'architecture durable induit de multiples modifications dans l'aspect des bâtiments. Les projets présentés dans cette section témoignent de l'attachement d'AS. Architecture-Studio à la contextualité, définie comme l'environnement physique – le site et ses relations avec le paysage – mais aussi l'environnement règlementaire et sociétal.

La technologie déployée pour le **Centre de Recherche, de Développement et de Qualité du groupe Danone** en Ile de France et le **siège social de Wison Chemical** à Shanghai permet de créer un lien étroit entre l'architecture et la nature. La **résidence hôtelière** à Shanghai et **le village de vacances de Sanya** en Chine sont structurés autour de l'idée de village, mêlant bâti et végétation tropicale dans un paysage homogène. La végétation est également omniprésente dans les différents bâtiments du **musée de la bicyclette** et de la **galerie d'art Xie Zhiliu et Chen Peiqiu** à Shanghai, brouillant les frontières entre l'intérieur et l'extérieur. Paysage caverneux, l'architecture intérieure du **Théâtre Daguan**, au sein de l'Himalayas Center, déploie un univers organique et mystérieux. Les façades du **centre de transport de Taiyuan** offrent un aspect unitaire harmonisé sur la ville et des façades plus singulières en cœur d'îlot, animées par un ruban rouge continu. L'architecture du **complexe culturel de Zhangjiakou**, fractionné en trois bâtiments, s'inspire du paysage montagneux et du bassin de Nihewan.

Drapé d'une canopée en moucharabiehs, le **Centre Culturel de Mascate** émerge dans un paysage unique, telle une oasis où palmiers et colonnades tissent des espaces publics frais et ombragés. La tour du **Rotana Hotel** à Amman en Jordanie répond aux constructions voisines grâce à un jeu de transparence et à un choix précis de matériaux. Le bâtiment d'hospitalisation du **CHU de Caen** est structuré autour de deux cours paysagées, tandis qu'au **Centre Hospitalier de Sainte-Anne**, le bâtiment Joseph Lévy-Valensi s'inscrit au sein d'un tracé paysager historique.

Sustainable architecture induces multiple changes in the appearance of buildings. Projects presented in this section reflect the AS.Architecture-Studio attachment to contextuality, defined as the physical environment—the site and its relationship to the landscape—but also the statutory and social environments.

The technology deployed for the **Research, Development and Quality Center of Danone Group** in Palaiseau and the **Wison Chemical Headquarters** in Shanghai creates a strong link between architecture and nature. The **Jinqiao Hotel Apartment** in Shanghai and the **Sanya Club Med Resort** in Hainan are planned around the idea of a village blending construction and tropical vegetation into a homogeneous landscape. Vegetation is also omnipresent in the various buildings of the **Bicycle Park** and **Xie Zhiliu and Chen Peiqiu Art Gallery** in Shanghai, blurring the boundaries between inside and outside. A cave-like landscape, the interior design of the **Daguan Theater** within the Himalayas Center deploys an organic and mysterious universe. The facade of the **Southern Railway Station Complex** in Taiyuan provides a unified, harmonized appearance to the city and the more unusual elevations within the block are enlivened by a continuous red ribbon. Split into three buildings, the **Zhangjiakou Cultural Complex** architecture is inspired by Nihewan's mountainous landscape and basin.

Draped with a mashrabiya canopy, the **Muscat Cultural Center** emerges from within a unique landscape, like an oasis where palm trees and colonnades interweave cool, shaded public spaces. **Rotana Hotel** tower in Amman, Jordan, responds to neighbouring buildings through a play of transparency and the choice of materials.The **Caen University Hospital Center** is planned around two landscaped courtyards whilst at the **St. Anne Hospital Center**, the Joseph Levy-Valensi Building fits into a historical landscaped context.

可持续建筑理念为建筑物的外表带来了多元化的改变，本节中的景观建筑基于AS建筑工作室对于物理环境的定义。我们认为建筑的物理环境不仅指建筑本身所在基地，更包含其周围景观和所处社会环境。事实上，对建筑空间和基地特点的解读十分重要，我们致力于将基地独特的景观特点最大化地融入建筑设计风格之中。

达能集团研究开发和质量中心与**惠生集团张江总部园区**两座建筑融合了建筑技艺和景观特色，在建筑和自然间建立起一条纽带。上海**金桥酒店式公寓**和**海南三亚地中海度假村**采用"村落式建筑"理念，将现代建筑与热带植物和谐统一在同一风景内。**崇明自行车公园**和**谢稚柳陈佩秋艺术馆**同样将绿植穿插于建筑之间，模糊了建筑与外界之间的界限。**喜马拉雅大观剧场**运用混搭空间，构造出一个神秘的有机世界，犹如"龙穴"。**太原南站交通枢纽商业综合体**为城市展现了一个统一和谐的形象，商业区里侧是由红色的带状体量串联形成的独特活跃立面。**张家口博物馆、档案馆和图书馆**建筑群的设计灵感来源于张家口地区泥河湾峡谷与岩石形态，形成了映射出张家口历史文化渊源的建筑体型。

马斯喀特文化中心坐落在风景独特的山峦和海洋之间，白瓦屋顶、棕榈树林和廊柱营造出光影交织的公共纳凉空间。约旦安曼**罗塔纳酒店**对建筑底座进行透明化处理，巧妙运用材料选择，与相邻建筑形式完美融合，交相呼应。**卡昂大学医疗中心**和**圣安娜医疗中心**地处人文景观和历史遗迹的交汇处，内部由绿植装饰，把景致融入建筑。

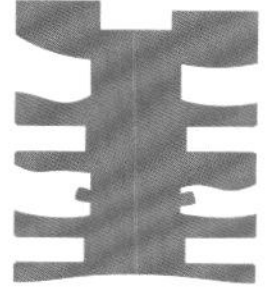

Centre de Recherche, de Développement et de Qualité du Groupe Danone, Palaiseau, France

Research, Development and Quality Center of Danone Group, Palaiseau, France

达能集团研究开发和质量中心，法国帕莱索

▌Le centre de Recherche, de Développement et de Qualité du groupe Danone, certifié Haute Qualité Environnementale, a reçu le prix environnement 2007 des entreprises de l'Essonne, catégorie intégration paysagère.

▌The Research, Development and Quality Center of Danone Group, certified HQE (High Quality Environmental standard), was attributed the 2007 environmental award for companies in Essonne, landscape category.

▌达能集团研究开发和质量中心达到法国高质量环境标准，并凭借其独特的室内外景观设置及与自然的有机结合，于2007年荣获了法国埃松省的企业环境建筑大奖。

Centre Culturel de Mascat[1], Mascate , Sultanat d'Oman
Muscat Cultural Center[1], Muscat, Sultanate of Oman
马斯喀特文化中心[1], 阿曼苏丹国马斯喀特

1 En études / Under design / 设计深化中

Le Centre Culturel de Mascate émerge dans un paysage unique, entre mer et montagne, telle une oasis où palmiers et colonnades tissent des espaces publics frais et ombragés. Ce nouveau quartier culturel regroupe, autour d'une vaste place centrale, le Théâtre National d'Oman, la Bibliothèque Nationale, et les Archives Nationales ainsi qu'un espace d'exposition, un centre littéraire et un cinéma.

The Muscat Cultural Center emerges from a unique setting between the sea and mountains like an oasis where palm trees and colonnades weave cool, shaded public spaces. This new cultural district brings together, around a large central square, the Oman National Theater, the National Library and Archives as well as an exhibition space, a literary center and a cinema.

马斯喀特文化中心位于城市主要入口处，风景独特，是连接山峦和海洋的桥梁，在棕榈树林形成的美丽绿洲和大理石圆柱之间，展现出舒适的园林风情。这个新的文化街区围绕一个中心大广场设置阿曼国家大剧院、国家图书馆、国家档案馆、展览中心、文学中心及电影院。

En référence à l'architecture omanaise, une canopée en moucharabiehs drape l'ensemble des bâtiments selon une trame qui s'adapte aux fonctions des espaces. Cette toiture dynamique filtre les rayons solaires et crée de multiples jeux d'ombres et de lumières auxquels répondent les reflets et scintillements des plans d'eau.

In reference to Omani architecture, a mashrabiya canopy clads the buildings with a grid that adapts to the functions. This dynamic roof filters the sunlight and creates multiple plays of light and shadow that respond to the reflections and flicker of the water.

设计参考阿曼建筑的特有风格，用白瓦屋顶覆盖了整个文化中心，并根据功能区域的不同设置不同密度的开窗。这个巨大的屋顶可以过滤强烈阳光，使室内光线柔和，并与水池交相呼应，让人置身于光与影交织的园林之中。

1, Archives Nationales / National Archives / 国家档案馆

2, Bibliothèque National / National Library / 国家图书馆

3, Théâtre / Theater / 剧院

4, Foyer du théâtre / Theater hall / 剧院大厅

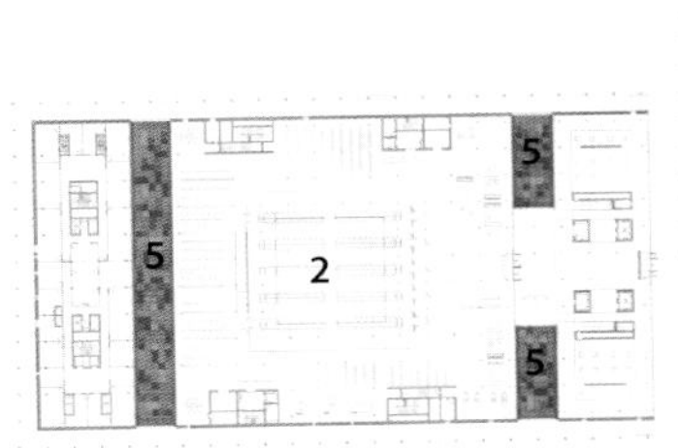

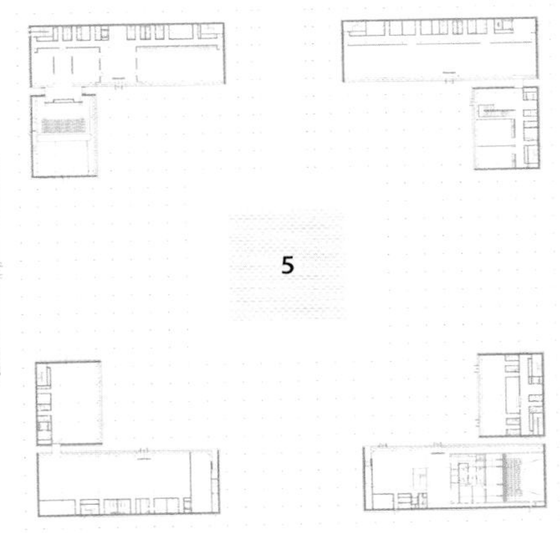

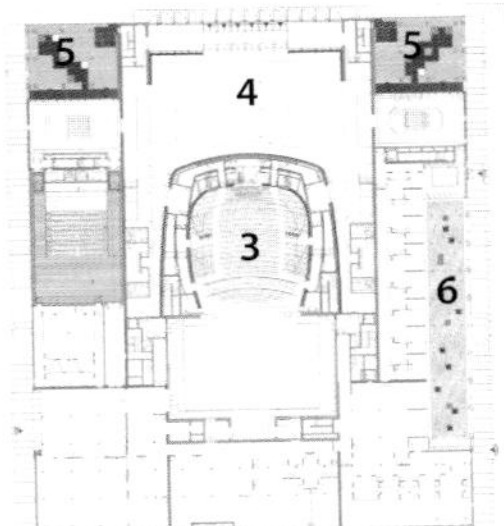

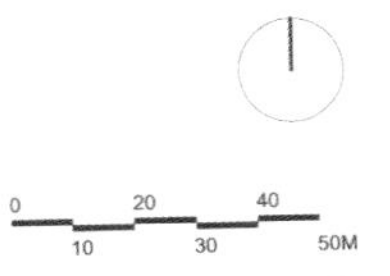

5, Jardin d'eau / Water garden / 流水花园
6, Jardin minéral / Mineral garden / 矿石花园

Quartier mixte de la gare du sud[1], Taiyuan, Chine
Southern Railway Station Complex[1], Taiyuan, China
太原南站交通枢纽商业综合体[1], 中国太原

1 En construction / Under construction / 建设中

▌L'édifice de la gare s'ouvre sur la ville par une place centrale de 200 mètres de large qui accueille un vaste jardin et organise les différents accès au réseau de transports grâce à un jeu de niveaux. De part et d'autre de cette place, deux ensembles de sept bâtiments chacun accueillent un programme mixte de bureaux, hôtels et commerces.

▌The station opens onto the city with a 200 metre wide central square that hosts a vast garden and various transport network access through a series of levels. On either side of this square, two series of seven buildings each accommodate a mixed programme of offices, hotels and shops.

▌太原火车南站片区包含一个南北宽约200米的大型城市广场，使整个火车站直接面向城市。广场设有一个大型公园及不同层级的交通网络。在广场两侧建筑群的设计中，我们各安置了七个立方形的办公、酒店与商业综合体建筑。

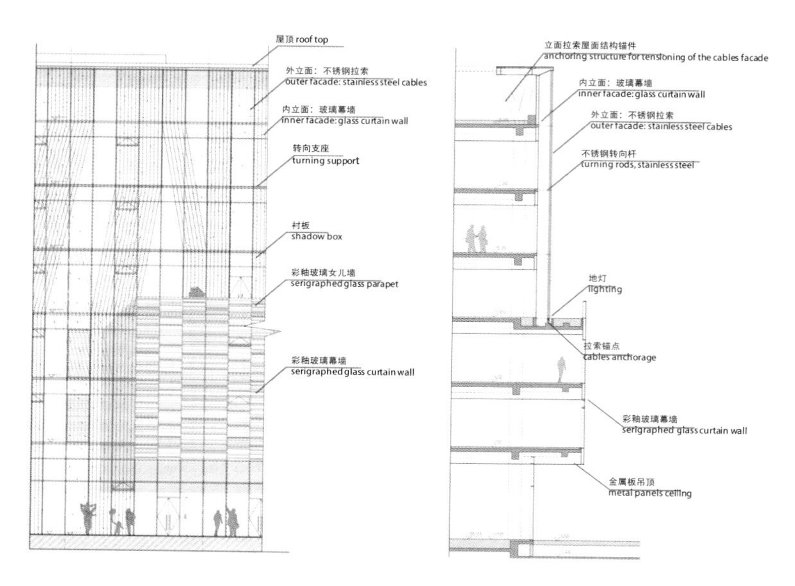

Composition de la façade
Facade's composition
立面组成

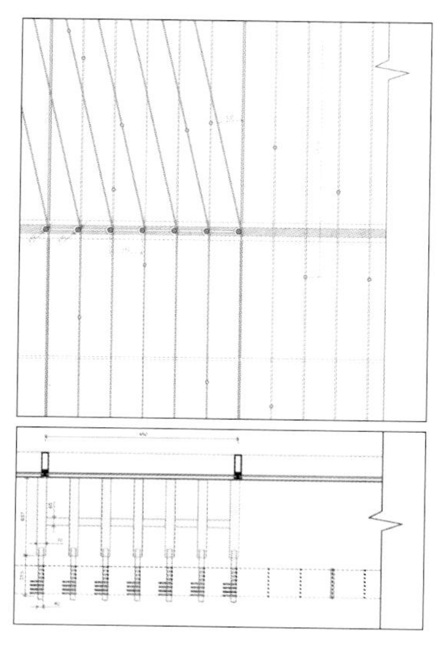

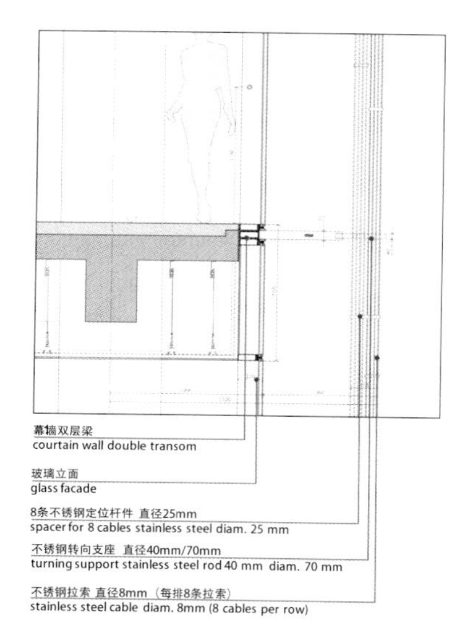

Détail de la façade
Facade's detail
立面细节

Ces bâtiments offrent un aspect unitaire harmonisé sur la ville et des façades plus singulières en cœur d'îlot, animées par un ruban rouge continu. Côté ville, les bâtiments sont habillés d'une double-peau, constituée d'un filet métallique de câbles en inox tendus et d'une façade en verre. Ces filins s'entrecroisent dans une composition aléatoire qui reprend les dérivations du réseau ferroviaire. La volumétrie des bâtiments est soulignée par un double dispositif scénographique : un effet de fluidité lié au ruban rouge et un éclairage évolutif qui produit des jeux d'opacité et de transparence selon les heures de la journée.

These buildings provide a unified harmonized appearance to the city and unique elevations within the block, enlivened by a continuous red ribbon. On the city side, buildings are clad in a double-skin composed of a stretched net of stainless steel cables and a glass facade. These cables are intertwined in a random composition that makes illusion to the derivations of the rail network. The building volume is highlighted by a dual scenography; the fluid effect of the red ribbon and changing light that produces plays of opacity and transparency at different times of the day.

整个建筑群面向城市的立面简洁而统一。而面向中心庭院的立面则通过红色体量的穿插和连接，营造出尺度宜人、活跃灵动的商业氛围。面向城市的外立面采用玻璃和装饰性钢索叠加的双层幕墙系统。随机交错的网状钢索将高速铁路铁轨形象延续到了建筑上。建筑被灯光照亮后形成两种不同的视觉语言，舒缓的红色带状体量和钢索相互交错的光线笼罩在建筑外侧，随光的强度变化形成别具一格的城市景观。

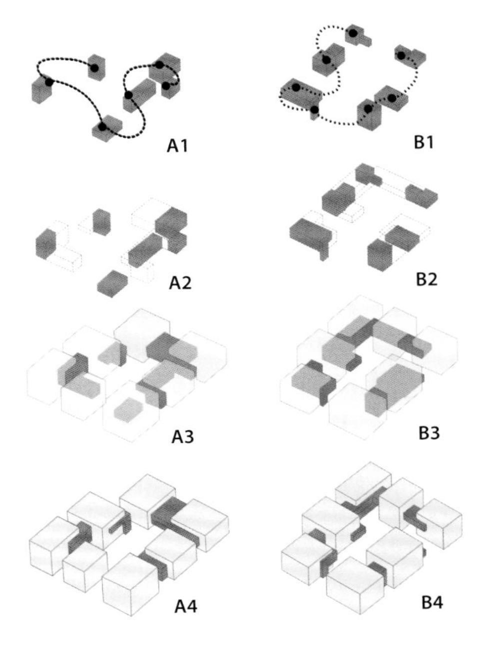

A1-A4, B1-B4, Processus de conception / Design process / 设计成型过程

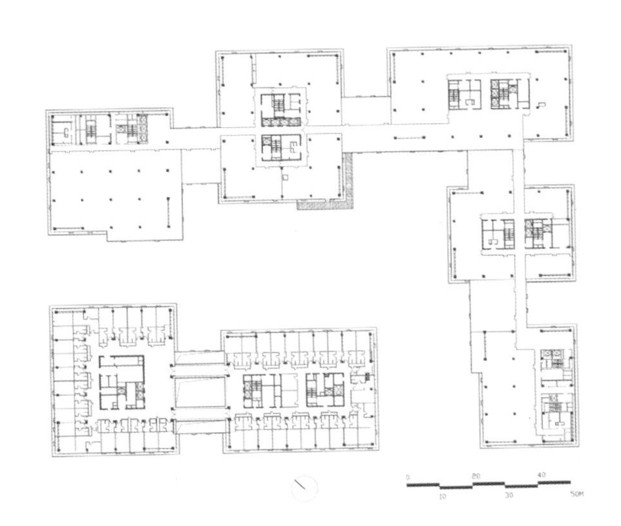

Musée de la bicyclette de Chongming[1], Shanghai, Chine
Chongming Bicycle Park, Shanghai[1], China
崇明自行车公园[1], 中国上海

1 En études / Under design / 设计深化中

Le musée de la bicyclette, qui comprend également un centre d'accueil et une salle polyvalente, est situé sur l'île de Chongming, vouée à devenir le quartier écologique de la ville de Shanghai. L'espace du musée et la scénographie font le lien entre le vélo, la nature et le developpement durable.

The Bicycle Park, which includes an reception center and a multi-purpose hall, is located on the Chongming Island that is destined to become the ecological district of Shanghai. The park space and scenography provide the link between the bike, nature and sustainable development.

自行车公园位于长江三角洲中部的崇明岛上，还包括一个游客接待中心及一个多功能厅，旨在为上海打造一个新的生态区域。项目设计灵感来自于自行车的物理结构体系，并将自行车、自然和可持续发展的理念结合起来。

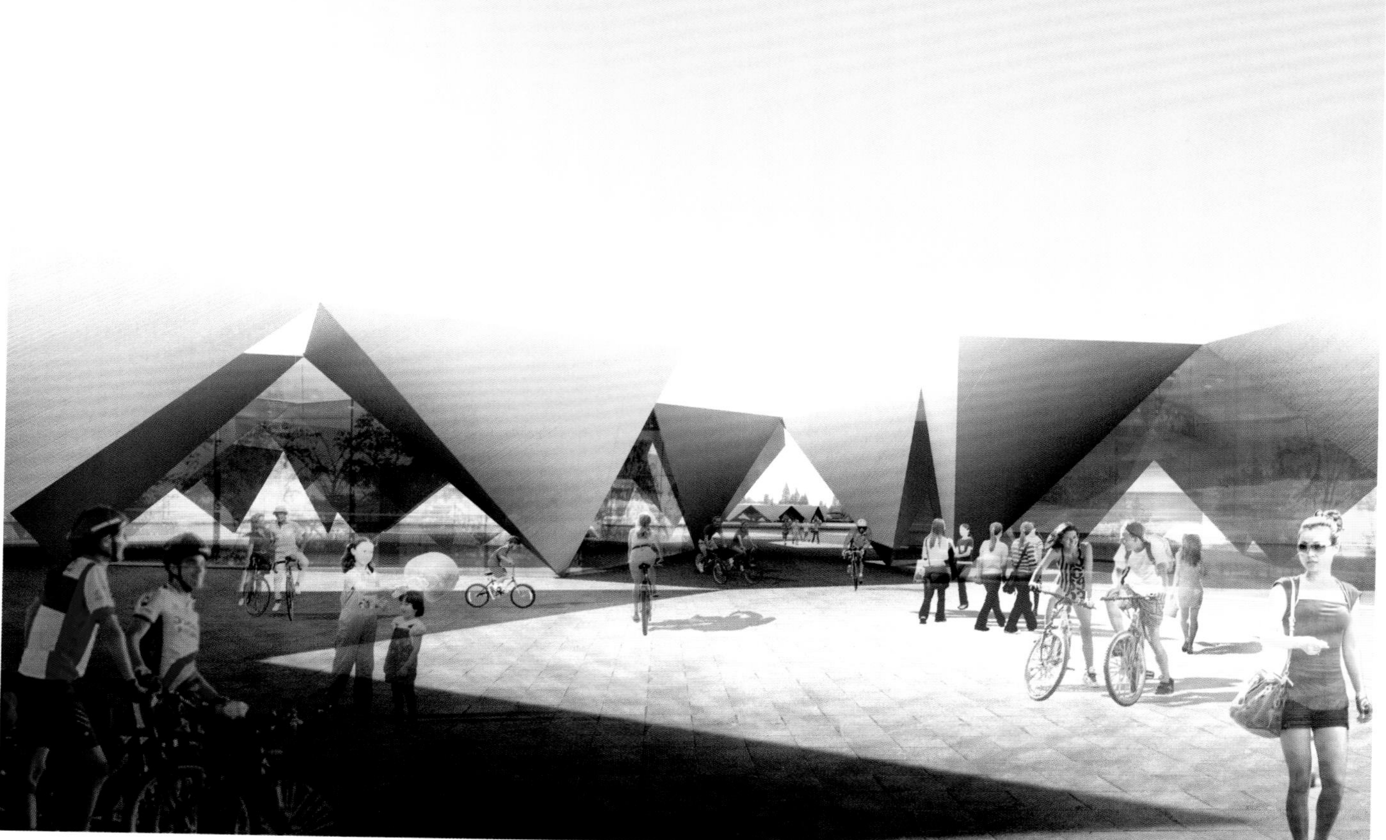

Les formes pyramidales assemblées créent une structure entretoisée qui réduit l'impact du bâtiment sur le sol. La fluidité de circulation entre les espaces et les fonctions brouille les frontières entre l'intérieur et l'extérieur. Les salles offrent des vues multiples sur le parc et le lac. Les cours, terrasses et autres espaces entre la façade vitrée et les contours du bâtiment créent un interstice encadré par le paysage.

The assembled pyramidal forms create a braced structure that reduces the impact of the building on the ground. The fluidity of movement between spaces and functions blurs the boundaries between inside and outside. The rooms have multiple views of the park and the lake. The courtyards, terraces and other spaces between the glazed facade and the building contours create an interstice framed by the landscape.

建筑的外围由一圈相互连接的金字塔形体量构成，减少了对地面的影响，实现了动态空间的制衡。游客可在这些四面体的庭院内自由行走游览，建筑内外间固有的界限变得模糊了。从博物馆内部的展厅可以看到崇明岛自行车公园不同方向的风景，再加上庭院、观景平台和其他公共区域，建筑与周围环境形成了一种空间上的对话。

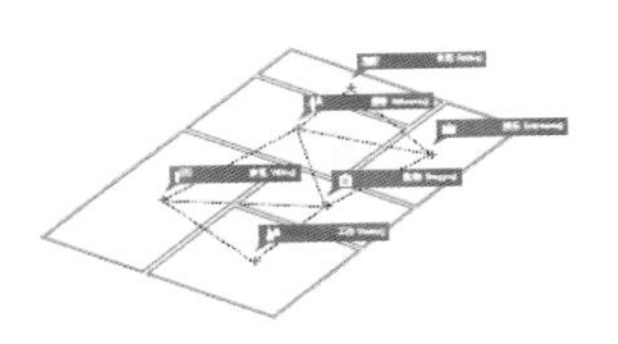

Localisation des fonctions
Location of the functions
功能分区

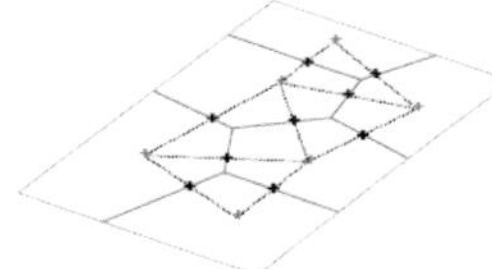

Liaison et équidistance
Liaison and equidistance
连接与等距

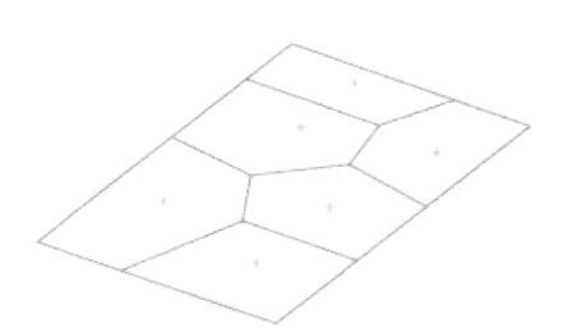

Transformation de l'espace
Transformation of space
空间转化

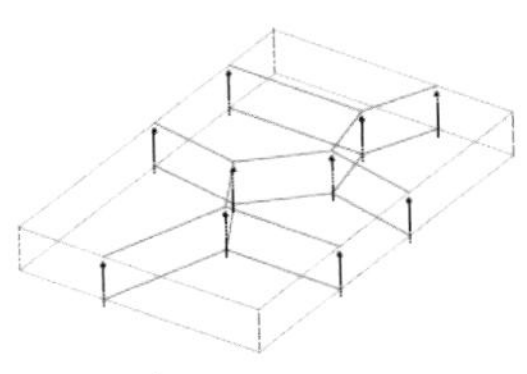

Mise en volume
Shaping the volume
体块生成

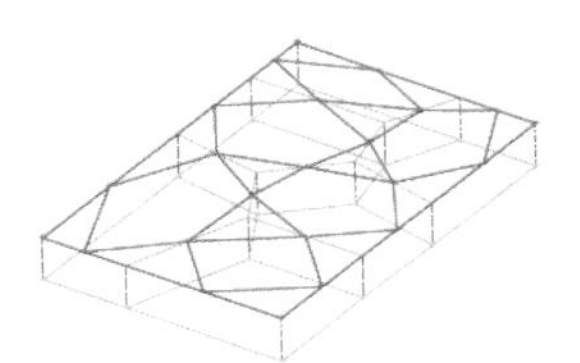

Liaison et équidistance
Liaison and equidistance
连接与等距

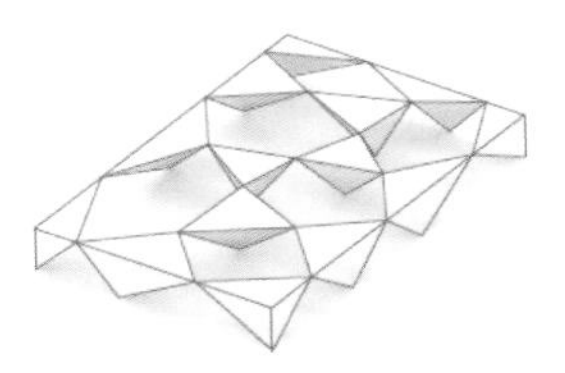

Structure tétraédrique
Tetrahedral structure
四面体结构

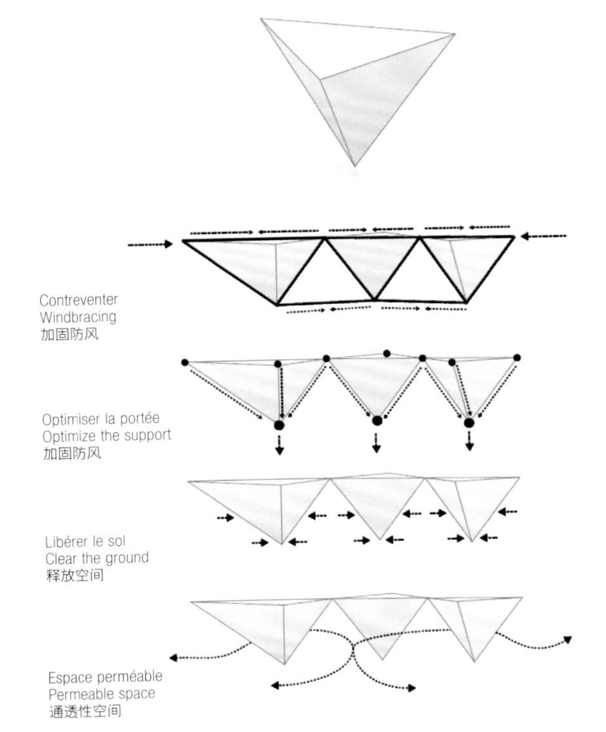

Bibliothèque, Musée et Archives de Zhangjiakou[1], Zhangjiakou, Chine
Library, Museum and Archives of Zhangjiakou[1], Zhangjiakou, China
张家口市图书馆、博物馆和档案馆[1]，中国张家口

1 En études / Under design / 设计深化中

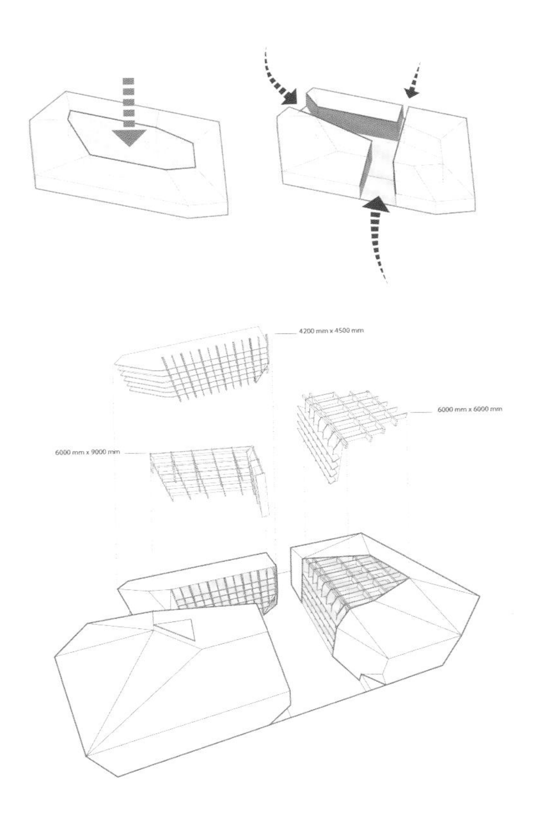

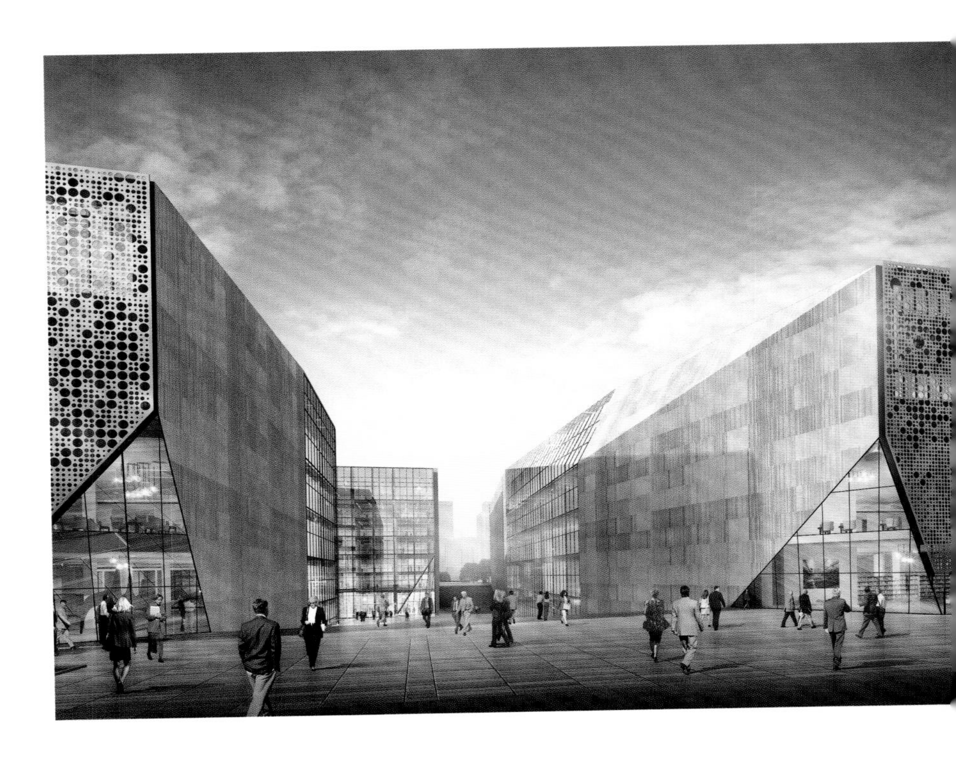

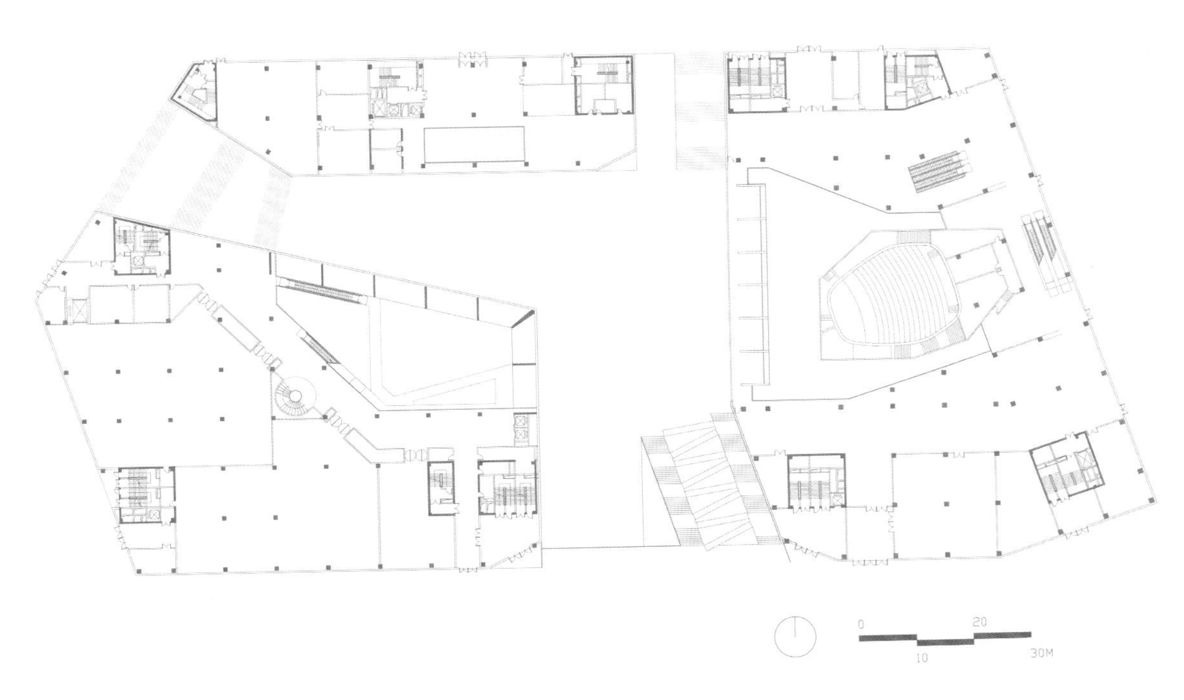

▌Le complexe culturel de Zhangjiakou comprend un musée, une bibliothèque et un bâtiment d'archives. Son architecture s'inspire du paysage montagneux de Zhangjiakou et du bassin de Nihewan. Le bloc originel est fractionné en trois bâtiments définis par leur fonction, créant ainsi une place centrale vers laquelle convergent les visiteurs. Les contours extérieurs du bloc sont définis par les lignes de circulation alentours, comme la rivière creuse le canyon avec le temps. Les trois bâtiments sont dotés de halls d'accueil agréables, spacieux et lumineux, comme une invitation cordiale à la ville et au public.

▌The Zhangjiakou Cultural Complex includes a museum, a library and an archive. Its architecture is inspired by the mountainous landscape of Zhangjiakou and the Nihewan Basin. The original block is divided into three buildings defined by their function, creating a central square where visitors converge. The outer contours of the block are defined by the lines of surrounding traffic, like a river that carves the canyon over time. The three buildings have spacious and bright, pleasant reception halls as a cordial invitation to the city and public.

▌张家口三馆文化综合体包括博物馆、图书馆及档案馆。建筑设计灵感来源于张家口的岩石景观与泥河湾峡谷。方案以一个完整的岩石形态作为初始体型，结合建筑功能分裂为三个体量，并创造出中心下沉广场，运用基地周边不同强度的人行流线对建筑进行切割，如同岁月将河流的痕迹烙印在岩石上一般。三馆均设计有一个舒适、宽敞、明亮的接待大厅，仿佛向城市与公众发放一封富有文化内涵的邀请信。

Galerie d'Art Xie Zhiliu et Chen Peiqiu[1], Shanghai, Chine
Xie Zhiliu and Chen Peiqiu Art Gallery[1], Shanghai, China
谢稚柳陈佩秋艺术馆[1], 中国上海

1 En construction / Under construction / 建设中

▌Conçue dans le cadre du nouveau master plan de la ville de Lingang, la galerie d'art Xie Zhiliu et Chen Peiqiu est située près d'un lac naturel, entourée par une prairie. La végétation, omniprésente, émerge dans les interstices créés entre les différents bâtiments aux contours courbés, faisant écho aux techniques de peintures chinoises traditionnelles.

▌Designed as part of the new master plan of Lingang, the Xie Zhiliu and Chen Peiqiu Art Gallery is located near a natural lake surrounded by a meadow. The omnipresent vegetation emerges into the interstices created between the different buildings with rounded contours evoking the techniques of traditional Chinese paintings.

▌项目坐落于浦东新区临港新城植被环绕的滴水湖畔，为谢稚柳陈佩秋艺术馆的设立提供了优质的环境。建筑布局的灵感来自于对中国传统绘画技法及古典审美的研究与理解：优美的线条勾勒出简单的轮廓，明快的颜色搭配简洁的布局和清幽的景色。

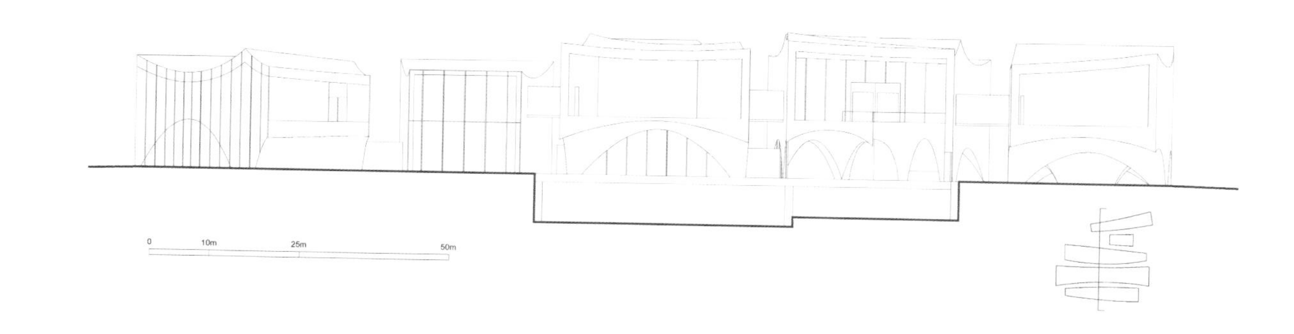

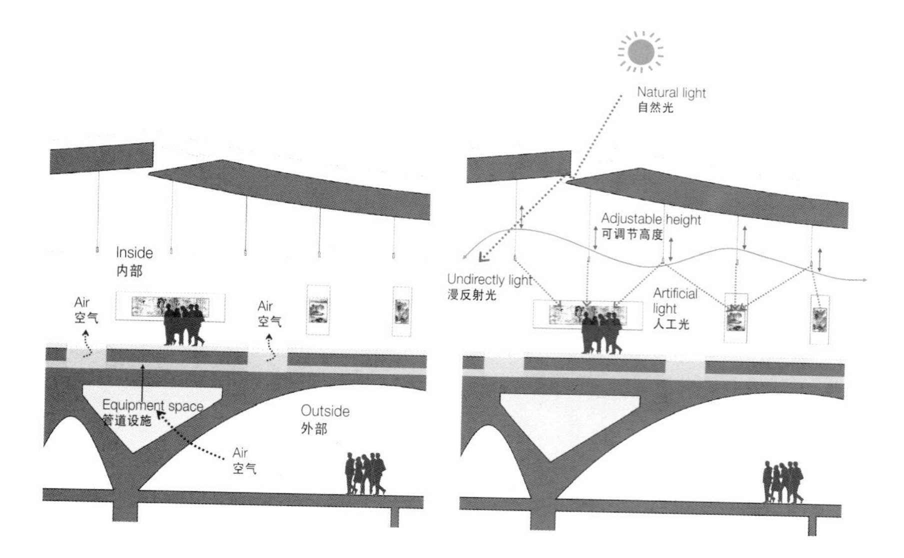

Système de ventilation
Ventilation system
换气系统

Système d'éclairage
Lighting system
光照系统

Les fenêtres voûtées, ouvertes dans la partie inférieure des bâtiments, permettent aux visiteurs d'admirer la beauté du paysage et de l'architecture. La lumière, qui souligne les bords pointus des voûtes, crée un jeu d'ombres et un sentiment d'intimité.

Open in the lower part of the building, the arched windows allow visitors to enjoy the beauty of the architecture and landscape. The light that accentuates the sharp edges of the arches, creates a play of shadows and a sense of privacy.

建筑底部设有拱形窗，将后方的下一层建筑与室外景观展示在游客面前。拱形大小位置各不一，营造"移步换景"的效果。灯光不仅突出拱形窗锋利的边缘，更在光影游戏中创造出一种私密感。

Œuvre de Xie Zhiliu et de Chen Peiqiu (partiel)
Xie Zhiliu's and Chen Peiqiu's painting (partial)
谢稚柳和陈佩秋的画作 (局部)

Centre Hospitalier Universitaire de Caen, Caen, France
Caen University Hospital Center, Caen, France
卡昂大学医疗中心, 法国卡昂

▌Le nouveau pôle Femme - Enfant - Hématologie du CHU (Centre Hospitalier Universitaire) de Caen renouvelle l'image de l'hôpital en exprimant à la fois la modernité des soins et la qualité d'accueil des patients.

▌The new Caen Women, Children and Haematology Pole (University Hospital) renews the image of the hospital to express modernity in both the care and patient reception quality.

▌新建的妇幼中心及血液病中心展现了卡昂大学医疗中心为病患提供现代化诊疗和高品质服务的新形象。

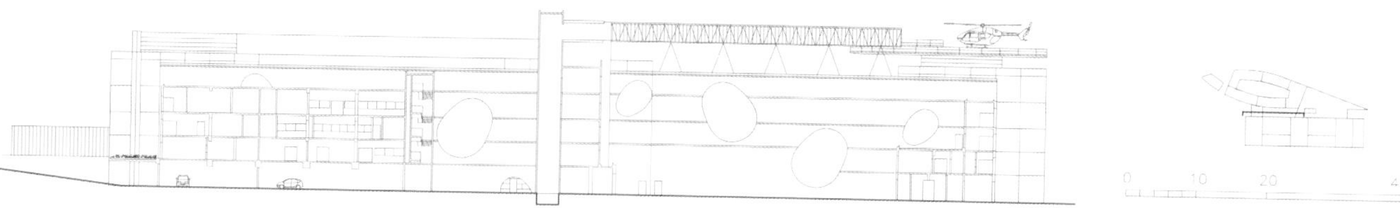
0
10
20
40m

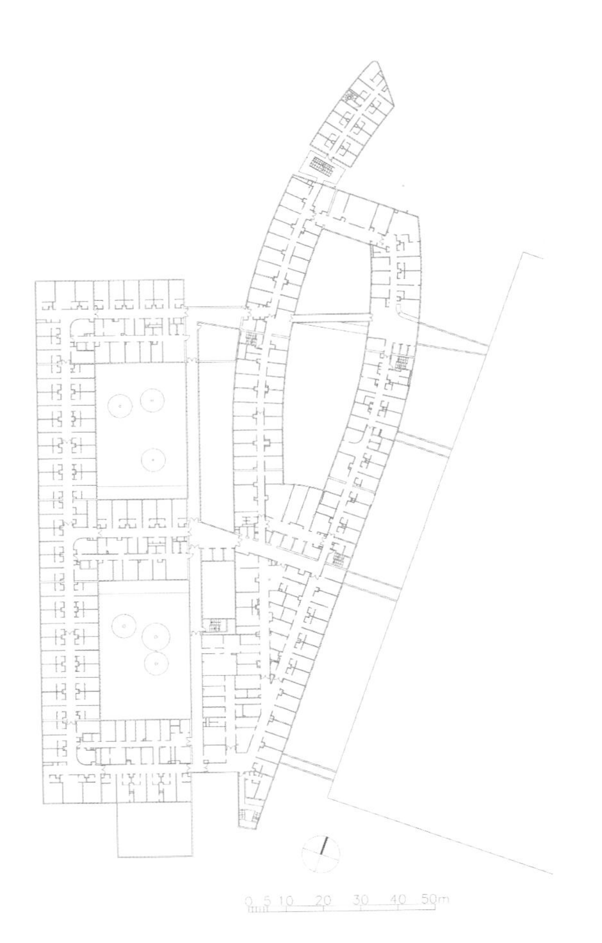

L'organisation des accès et des circulations de l'ensemble du CHU est repensée à l'occasion de cette nouvelle extension qui se compose de deux ailes : la nef et le bâtiment d'hospitalisation. La nef est caractérisée par son écriture horizontale marquée par des formes courbes, tandis que le bâtiment d'hospitalisation est structuré autour de deux cours paysagées. L'ensemble, très lumineux, offre un cadre confortable, efficace et agréable pour tous les usagers.

The access and circulation within the hospital complex has been redesigned during this new extension that is composed of two wings: the nave and the hospital building. The nave is characterized by its horizontal design marked by curved forms whilst the hospital building is planned around two landscaped courtyards. Very well lit, the complex provides a comfortable, efficient and enjoyable setting for all users.

这次扩建不仅形成了医疗街和住院部两个新侧翼，同时也重新考虑了整个医疗中心的出入及交通状况。医疗街形如水滴，一个风景优美的中庭从中穿过。水平排布的科室相互独立运作又便于沟通。住院部建筑内亦有两个景观中庭，定义了建筑结构形态。新建的妇幼中心及血液病中心为使用者提供了一个明亮、舒适、温馨、高效的医疗环境，令医患保持乐观良好的心态。

Théâtre Daguan, Himalayas Center, Shanghai, Chine
Daguan Theater, Himalayas Center, Shanghai, China
喜马拉雅中心大观剧场, 中国上海

▌Le Théâtre Daguan se trouve au sein de l'Himalayas Center et comprend un auditorium de 1200 places entièrement modulable, ainsi que différents espaces de convivialité et de détente.

▌Within the Himalayas Center, the Daguan Theater includes a fully transformable 1,200 seat auditorium as well as various convivial and relaxation spaces.

▌大观剧场位于由矶崎新事务所设计的证大喜玛拉雅中心内部，包含一个有1200个可调节座位的礼堂和多个休息厅。

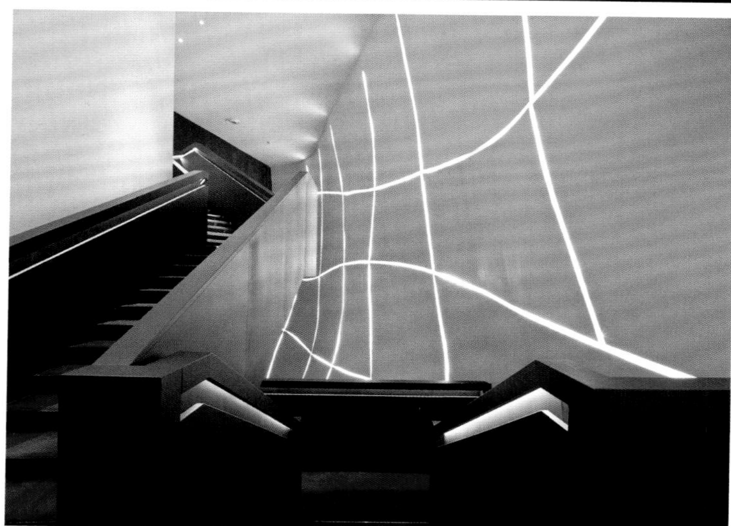

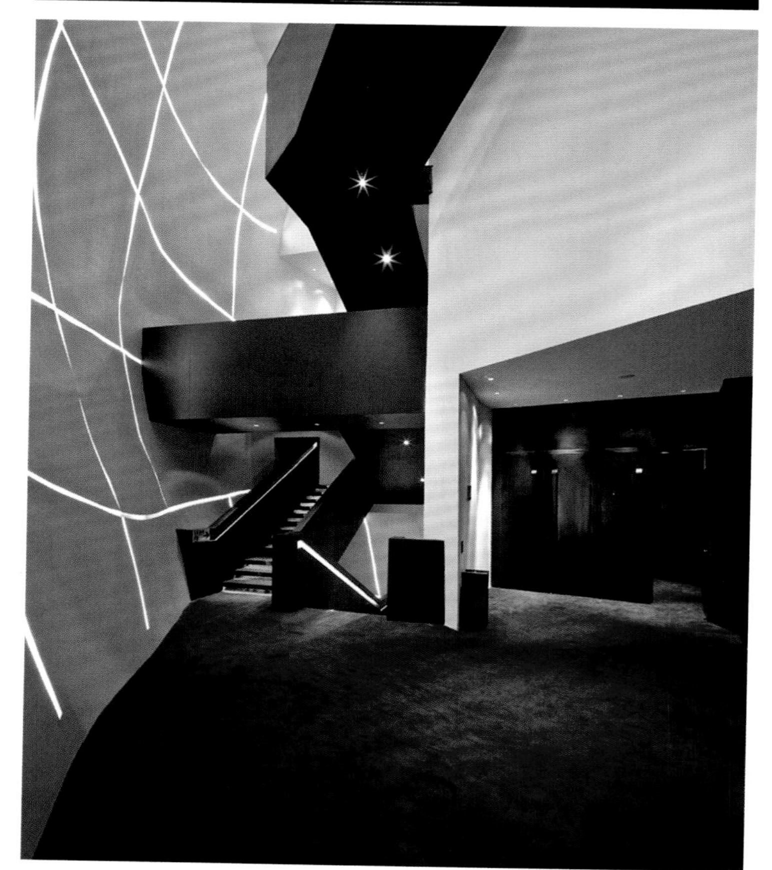

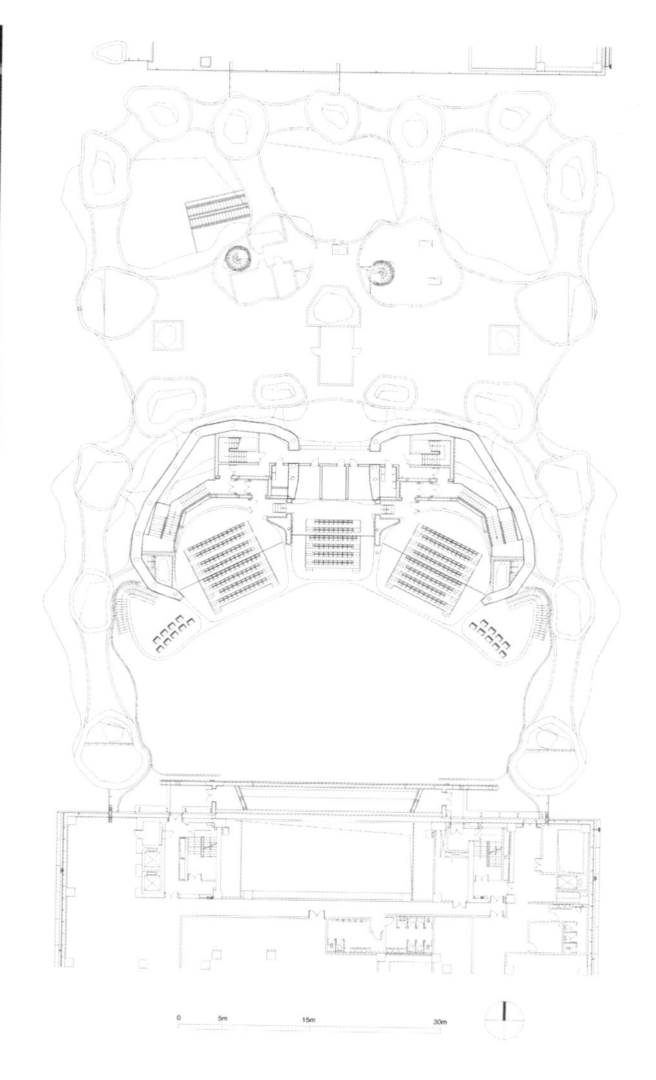

Le projet vise à magnifier la structure environnante et à nouer un dialogue avec l'architecture conçue par Arata Isozaki. A l'écart de la réalité urbaine, le décor, organique et mystérieux, est conçu comme la grotte d'un dragon. Il tire son inspiration de l'imaginaire traditionnel chinois, tout en présentant des formes résolument contemporaines.

The project intends to magnify the surrounding structure and to engage in a dialogue with the architecture of Arata Isozaki. Far from the urban reality, the organic and mysterious decor is designed like a dragon cave. It takes its inspiration from traditional Chinese fiction whilst having resolutely contemporary forms.

设计通过凸显建筑结构，使空间与原有建筑设计形成对话。有机而神秘的室内装饰将大观剧场装扮成一个奇幻的龙穴。整个设计的灵感来源于中式虚构景观，传统戏曲的基本色彩红、白、黑在这里被大量运用，用现代设计语言给人充满时尚感的混搭空间体验。

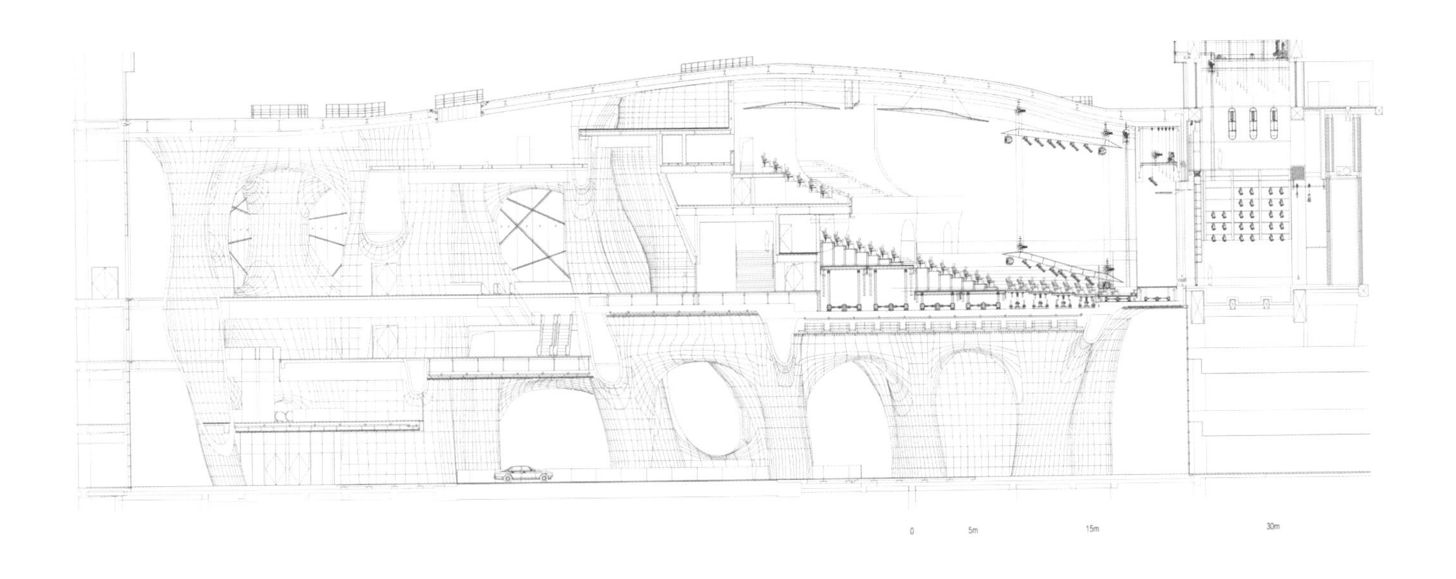
0
5m
15m
30m

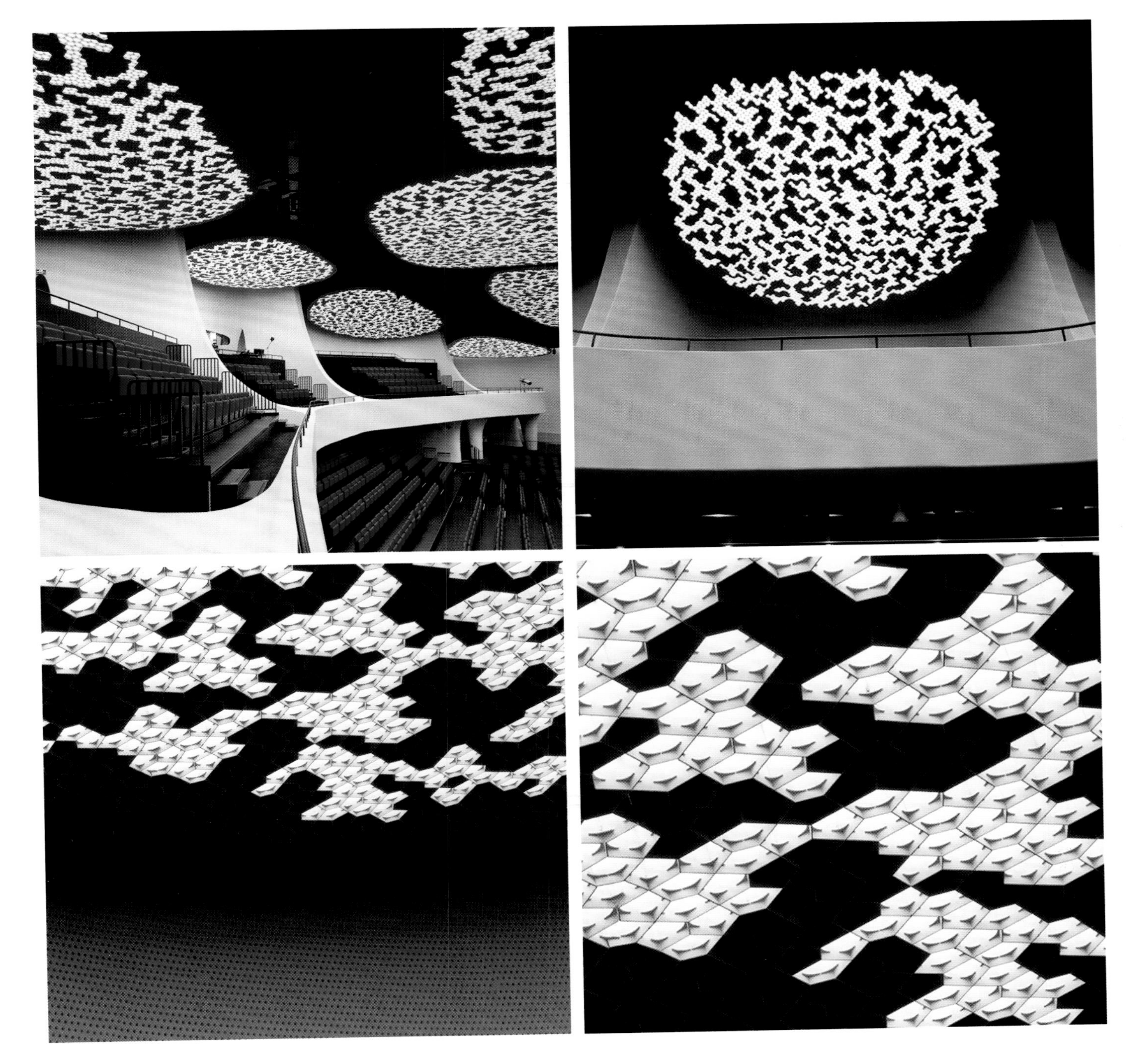

Centre Hospitalier Sainte-Anne, Paris, France
Sainte-Anne Hospital Center, Paris, France
巴黎圣安娜医疗中心, 法国巴黎

▌Situé dans l'axe principal de composition de l'ensemble architectural du Centre Hospitalier de Sainte-Anne, le bâtiment Joseph Lévy-Valensi crée un nouveau lien entre le cœur historique de l'hôpital et le quartier. Il s'inscrit dans le tracé paysager en arc de cercle et respecte la symétrie historique.

▌Located along the main axis of the architectural compostion of the St. Anne Hospital Center, the Joseph Levy-Valensi Building creates a new link between the historic heart of the hospital center and the neighbourhood. It is part of the landscape drawn in an arc and respects the historic symmetry.

▌约瑟夫·雷威-瓦朗西医疗建筑位于圣安娜医疗中心建筑群的主轴线上，是人文景观和历史遗迹的交汇处以及圣安娜医疗中心历史核心区与新城之间的纽带。拱形的建筑作为圆形景观天际线的一部分，遵从了其对称性的特点。

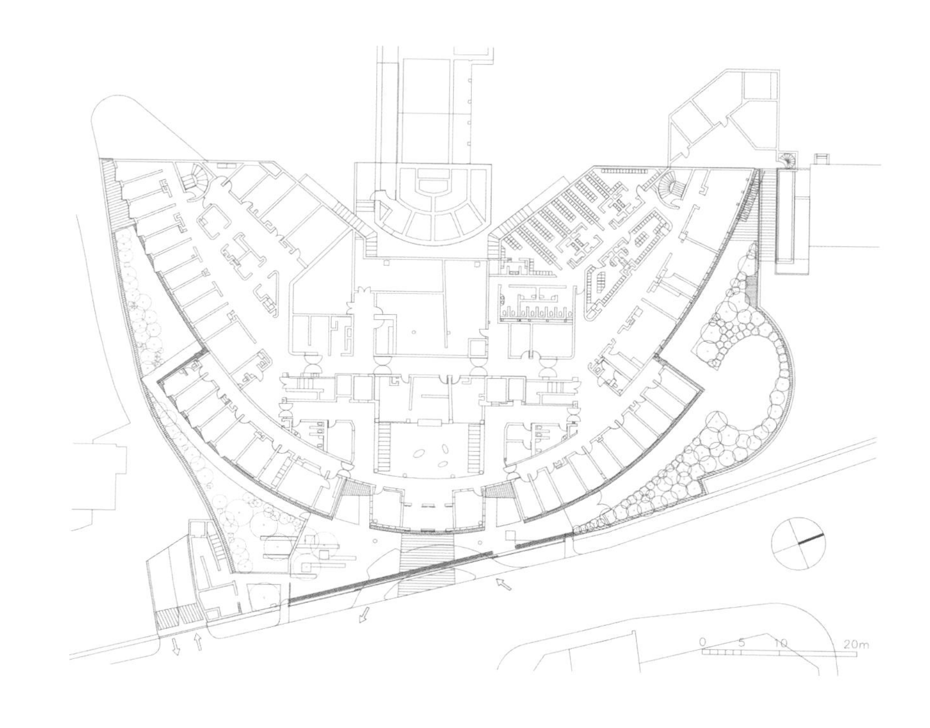

Ce bâtiment à échelle humaine est accueillant et multi-orienté, favorisant ainsi l'ensoleillement et l'éclairage naturel. Son implantation et son architecture traduisent le renouveau de l'hôpital et les principales orientations fixées pour son développement futur: des conditions optimales pour les patients et le personnel, la mise en valeur du patrimoine architectural et paysager de Sainte-Anne et une nouvelle synergie entre la ville et l'hôpital.

This human scale building is welcoming and multi-oriented thereby benefiting from sunshine and daylight. Its location and architecture reflect the rehabilitation of the hospital center and the main orientation for its future development; optimal conditions for patients and staff, redevelopment of the architecture and landscape of St. Anne and a new synergy between the hospital center and the city.

设计遵循"以人为本"的宗旨，多个朝向便于获得更多日照与自然光线，营造舒适宜人的空间。其建筑布局与外形充分展示了医疗中心改造的目的与未来发展方向在于为患者创造积极的康复条件，同时重视圣安娜医疗中心的历史建筑与景观，使医疗中心与城市之间形成一种和谐的新平衡。

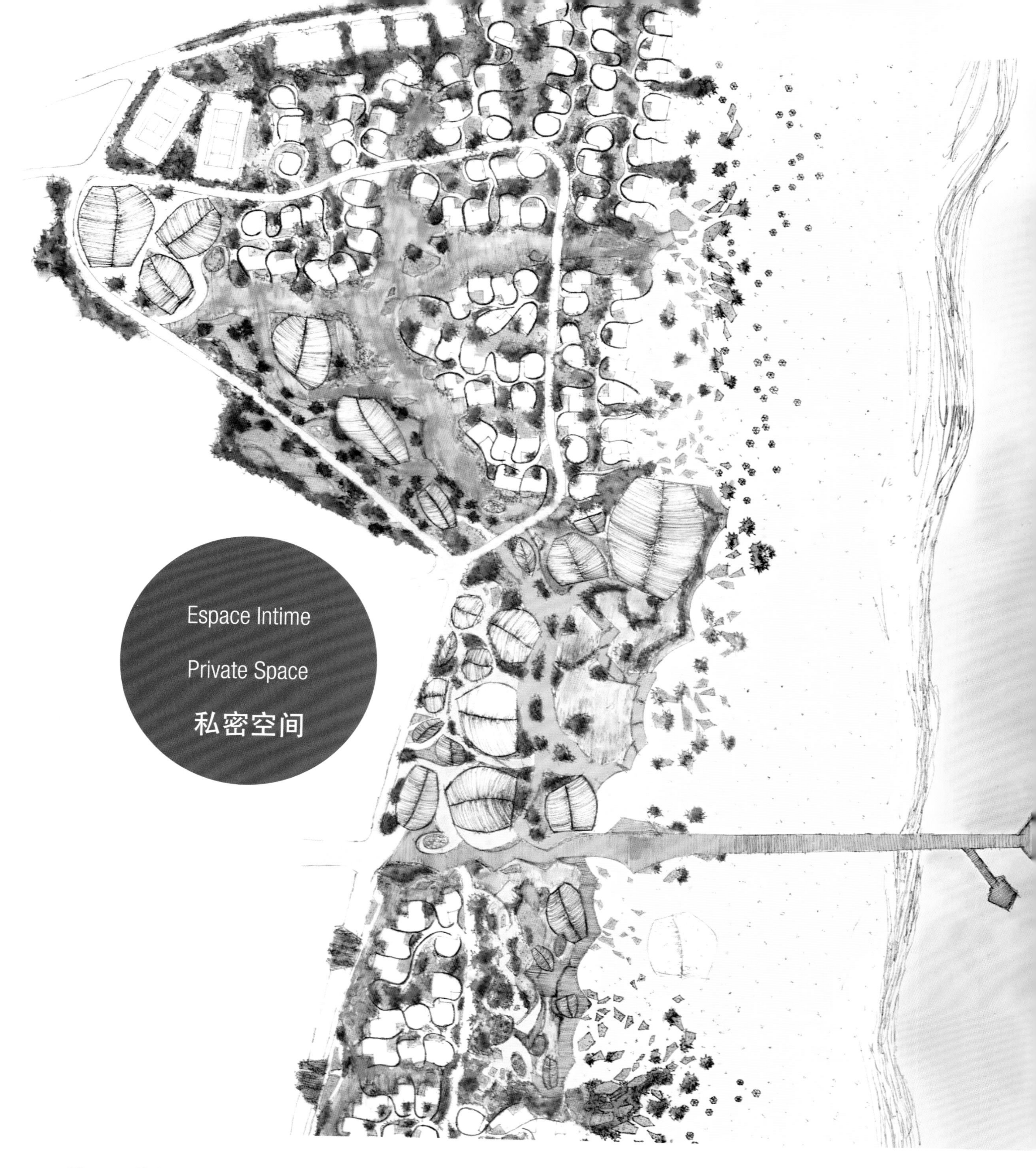

Club Med de Sanya[1], Sanya, Chine
Sanya Club Med Resort[1], Sanya, China
三亚地中海度假村[1], 中国三亚

1 En études / Under design / 设计深化中

Situé dans la province insulaire de Hainan, à l'extrême sud de la Chine, ce village de vacances réinterprète l'architecture des villages de pêcheurs locaux. Il ne propose que des chambres et villas de faible hauteur, mêlant l'architecture et la végétation tropicale dans un paysage unique et homogène. Il tente de brouiller les limites habituelles entre nature et structure, entre public et privé, et favorise l'interaction sociale en regroupant les villas par petits groupes. Un ensemble de lagunes artificielles oriente l'espace, créant un continuum avec le front de mer et connectant les chambres et les villas avec le centre du village, signifié par de grandes coquilles qui accueillent les équipements publics.

Located in the island province of Hainan, in the far south of China, this holiday village reinterprets the architecture of local fishing villages. It provides only low-rise rooms and villas that blend the architecture and tropical vegetation into a single homogeneous landscape. It attempts to blur the traditional boundaries between nature and construction, between public and private and promotes social interaction by grouping villas in small clusters. A series of artificial lagoons orientate the space, create a continuum with the waterfront and connect rooms and villas to the center of the village, indicated by large shells that house the public facilities.

项目位于中国南端的海南三亚西岛，将当地的渔村生活文化重新演绎，创造一种新的度假村模式。我们建议采用高密度的低层客房和别墅，将建筑与周围热带景观融合。设计试图模糊自然景观与人工建筑的区别以及公私区域的传统边界，并用小型别墅组团的方式鼓励社交活动。一组人工泻湖是空间布局的关键，将度假村与滨海区连为一体，度假村中心位置的贝壳状公共空间亦沟通了客房与别墅之间的联系。

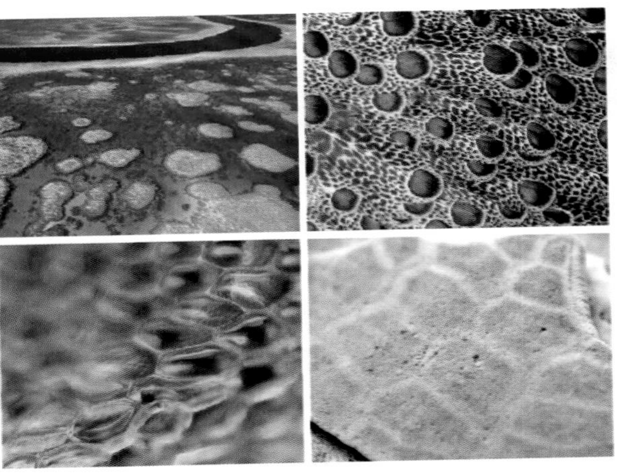

Hôtel Rotana[1], Amman, Jordanie
Rotana Hotel[1], Amman, Jordan
罗塔纳酒店[1], 约旦安曼

1 En construction / Under construction / 建设中

Le Rotana Hotel est l'une des trois tours du quartier Abdali, qui forment un repère architectural du nouveau centre-ville d'Amman en Jordanie.

The Rotana Hotel is one of the three towers in Abdali district that form an architectural landmark in the new city-center of Amman, Jordan.

罗塔纳酒店是约旦首都新市中心的标志性建筑，也是阿布达里区三幢高层建筑之一。

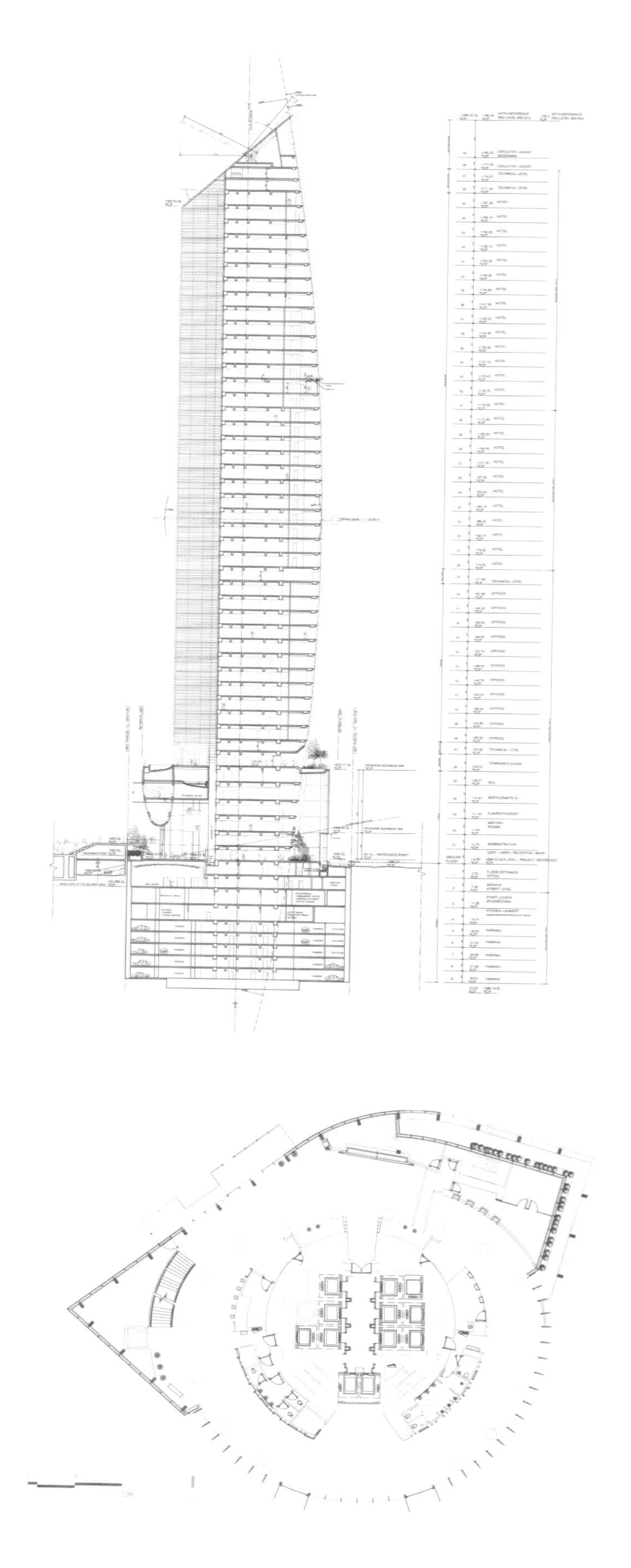

Son volume bas vitré, duquel émerge la tour, s'harmonise avec les bâtiments bas des rues voisines et crée un lien entre l'espace intérieur et extérieur grâce à un jeu de transparence. Ce volume offre des vues du nouveau quartier depuis les salons, cafés et restaurants de l'hôtel qui s'ouvrent à l'intérieur sur un bel atrium. La terrasse panoramique du sixième étage accueille une piscine et des lounges dans un jardin agréable et raffiné. La conception de la tour, les matériaux utilisés pour la façade composée d'un mur-rideau, protégé par des brise-soleil en aluminium, expriment à la fois le caractère high-tech et environnemental de l'édifice.

Its low glazed volume, from which emerges the tower, blends with the low buildings in the adjoining streets and uses transparency to create a link between the inside and the outside. This volume provides views of the neighborhood from the hotel living rooms, cafes and restaurants that open onto a beautiful internal atrium. The sixth floor panoramic terrace provides a swimming pool and lounges in a pleasant and refined garden. The tower design, the materials of the curtain wall elevation protected by aluminium sunshades, express both the high-tech and environmental character of the building.

设计将酒店底座进行透明化处理，为室内外空间架起一座水晶桥梁，同时也与相邻低层建筑形式完美融合，交相呼应。从酒店的沙龙、咖啡馆或位于中庭的酒店专属餐厅，都能观赏到附近街区的景色。位于酒店六层的全景露天平台设有一个游泳池以及精致舒适的花园休息室。酒店外立面由铝制遮阳板及玻璃幕墙构成，将建筑融合高科技与环境元素为一体的特点展示在人们面前。

CONCEPTION SYSTEMIQUE

SYSTEMIC DESIGN

系统设计

Pour AS.Architecture-Studio, l'élaboration de l'architecture est un travail d'équipe, créatif, méthodique. A travers nos nombreux projets et réalisations, nous avons développé une démarche qui allie créativité et maîtrise du processus global du projet, de sa conception à la réalisation.

Une conception systémique, qui envisage un projet complexe dans sa globalité, permet de mieux appréhender les relations entre les différents composants d'un projet, son fonctionnement, ses futurs utilisateurs. Les projets présentés dans cette section sont le fruit d'une conception globale et dynamique de l'architecture, en lien avec son contexte et son environnement.

Bâtiment contextuel au sens le plus large et repère dans la ville, le **Parlement Européen** à Strasbourg fait de la transparence une expression à la fois architecturale et politique. La démarche d'éco-aménagement de l'écoquartier du **Fort d'Issy-les-Moulineaux** est structurée par l'architecture historique du fort militaire et son contexte urbain. Toujours en France, le **pôle culturel de Saint-Malo** est conçu comme un « bâtiment-esplanade », en réponse à son implantation au centre géographique de la ville et sur son axe historique. Installé sur l'une des berges de la Garonne, le nouveau siège social de la **Caisse d'Epargne Aquitaine Poitou-Charentes** valorise l'espace et le patrimoine urbain bordelais. Le projet tire parti du site et de ses orientations.

En Chine, le **centre de centre de services industriels de Teda Huigu à Tianjin** est structuré comme une cité-jardin écologique, l'aménagement du paysage alentour s'adapte à la forme des bâtiments et à leurs fonctions. Le **nouveau quartier édifié autour de la gare de l'ouest de Jinan** est né de la volonté d'établir une transition vers le centre culturel de la ville. L'environnement sain et agréable participe à la qualité de vie du quartier.

For AS.Architecture-Studio, architecture is a creative, methodical team effort. Through our many projects and buildings, we have developed an approach that allows creativity and the mastery of the entire project process: from concept to completion.

A systemic approach, which reviews a complex project in its totality, enables people to better understand the relationships between the different components of the project, its function and its end-users. The projects presented in this section are the result of a comprehensive and dynamic concept of an architecture within its context and environment.

A contextual building in the broadest sense and a landmark in the city, the **European Parliament** in Strasbourg uses transparency to make both an architectural and political statement. The eco-development approach of the **Issy-les-Moulineaux Fort** eco-district is structured by the historical architecture of the military fortress and its urban context. Also in France, the **Saint-Malo Cultural Hub** is designed as a "building-esplanade" to respond to its location within the geographical center on the historical axis of the city. Located on one of the banks of the Garonne River, the new **headquarters of the Caisse d'Epargne Aquitaine Poitou-Charentes** enhances Bordeaux's urban space and heritage. The project takes advantage of the site and its orientations.

In China, the **Teda Huigu Services Center** in Tianjin is planned as an ecological garden city. The surrounding landscape development adapts to the form of the buildings and their functions. The **New District, built around Jinan west railway station**, originates from the intention to make a transition towards the cultural center of the city. The healthy and pleasant environment contributes to the quality of life within the neighbourhood.

建筑对于法国AS建筑工作室而言是一项团队合作的、有创造性的系统性工作。我们通过多年来的项目实践，创造性地开拓出一套从概念设计一直到项目实施的工作方法和流程。

系统设计旨在从项目的宏观整体出发，考虑到项目功能、未来用户等多种相关因素，创造出符合其所在环境背景的综合设计理念建筑。

斯特拉斯堡**欧洲议会大厦**用建筑语言完成对民主象征意义的表达，以其独特的形象成为城市地标。**伊西-莱-穆利诺智能化住宅区**在军事要塞旧址之上建起了新的城市住宅区，实现了当代和历史的完美融合。**圣马洛文化中心**坐落在圣马洛历史发展轴线上，采用弧线设计使建筑成为一条散步大道。坐落在加伦河畔的**阿奎丹和普瓦图-夏朗德大区储蓄银行总部**体现了波尔多地区的城市环境和传统，项目立足于基地的文脉和朝向。

天津泰达慧谷产业服务中心灵感来源于生态花园，周围景观设计与建筑功能紧密相关。**济南齐鲁之门东地块**设计切入点来源于如何将该地块建筑向城市文化中心自然过渡。项目创造的怡人环境也提升了该区域内的生活质量。

Parlement Européen, Strasbourg, France
European Parliament, Strasbourg, France
欧洲议会大厦, 法国斯特拉斯堡

Inspirée des styles baroque et classique, fondements de la culture occidentale, l'architecture du Parlement Européen exprime la culture de l'Europe et son histoire. Le bâtiment regroupe un hémicycle de 750 places, 1133 bureaux pour les parlementaires, 18 salles de commissions de 50 à 350 places, des services de restauration.

Inspired by the Baroque and Classical styles, foundations of Western culture, the architecture of the European Parliament expresses the culture of Europe and its history. The building includes a 750-seat chamber, 1,133 offices for parliamentarians, 18 committee rooms of 50-350 seats and restaurant facilities.

欧洲议会大厦是一个包含古典主义和巴洛克风格双重性格的建筑，表达了欧洲的文化和历史。建筑包括一个可容纳750人的半圆梯形会场、1133间议员办公室与18处议事厅（50至350人不等）以及餐饮服务设施。

1. Hémicycle de 750 places / Semicircle of 750 seats
750座半圆大厅
2. Salles de 120 places / rooms of 120 seats
120座会议厅
3. Salles de 160 places / rooms of 160 seats
160座会议厅
4. Salle de 260 places / room of 260 seats
260座会议厅
5. Salle de 350 places / room of 350 seats
350座会议厅
6. Tour des bureaux des parlementaires / Parliamentarian's office tower
议员办公楼
7. Accueil / Reception / 前厅

0 20m
10
N

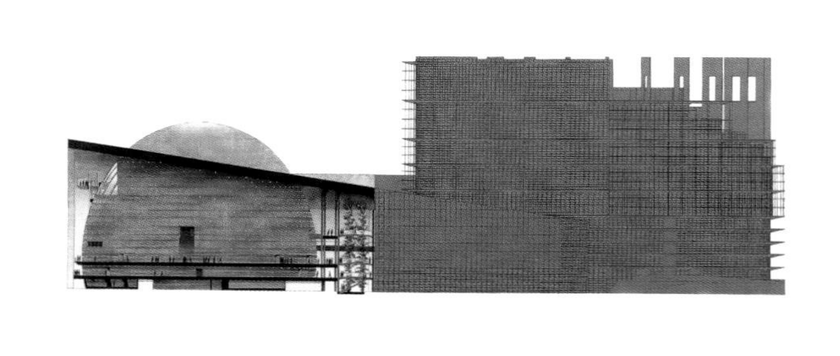

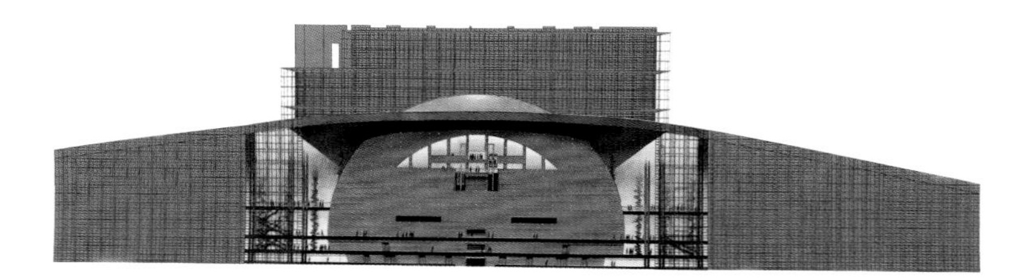

Suivant la courbe de la rivière, la façade vitrée du parlement révèle le volume de l'hémicycle, faisant de la transparence une expression à la fois architecturale et politique. La double peau sur l'une de ses façades tient également un rôle d'isolant thermique. Bâtiment contextuel au sens le plus large, le Parlement Européen est un repère identifiable à l'échelle de la ville, de l'Europe et du monde.

Following the curve of the river, the glazed façade of the parliament reveals the volume of the chamber and uses transparency to make an architectural and political statement. The double-skin on one of its facades also acts as thermal insulation. Contextual building in the broadest sense, the European Parliament is a landmark identifiable at the scale of the city, of Europe and of the world.

玻璃外立面沿着河岸线成弧线形，展现半圆梯形会场，以富有含义的建筑语言勾勒出欧洲议会总部大厦优美的外部线条及它的政治地位。大厦的双层幕墙也在功能上起到了隔热作用。从广义的文脉建筑角度上讲，欧洲议会大厦对斯特拉斯堡城市、欧洲乃至全世界都具有象征与代表意义。

Le fort Numérique[1], Issy les Moulineaux, France
The Digital Fort[1], Issy les Moulineaux, France
数码要塞智能化住宅区[1], 法国伊西-莱-穆利诺

1 En construction / Under construction / 建设中

Le projet porte sur l'aménagement urbain global du Fort d'Issy-les-Moulineaux, en périphérie de Paris. Il comprend la transformation de l'ancien fort militaire en un nouveau quartier résidentiel comprenant un grand parc, 1200 logements, des parkings, deux écoles, une crèche, l'extension du collège et du stade. Moderne, attractif et durable, le quartier est structuré par l'architecture historique du fort militaire et son contexte urbain. L'intérieur de l'enceinte est aménagé en jardin, ponctué d'immeubles villas aux formes douces, formant un lieu de vie confortable et protégé. Conçu comme un éco-quartier, le Fort d'Issy combine des systèmes de géothermie et de collecte des déchets innovants, afin d'améliorer la qualité de vie de ses habitants et de réduire leur consommation énergétique.

The project focuses on the comprehensive urban development of the Issy-les-Moulineaux Fort, in the suburb of Paris. It converts the former military fortress into a new residential district with a large park, 1,200 housing units, car parks, two schools, a nursery and the extension of the secondary school and a stadium. Modern, attractive, sustainable, the district is structured by the historical architecture of the military fortress and its urban context. Inside the Fort, a landscaped garden with villas interspersed in soft forms creates a comfortable and protected living environment. Designed as an eco-district, the project combines innovative geothermal and waste collection systems in order to improve its residents' quality of life and to reduce their energy consumption.

位于巴黎近郊的伊西-莱-穆利诺军事要塞旧址规划改造项目旨在将一处旧军事要塞改造为一个新型居住小区，包含一个大型公园、1200户住房、停车场、两所学校、一所幼儿园并扩建一所中学及体育场。军事要塞遗迹与城市文脉界定了这个现代、美观、耐用的小区。小区的内部布局犹如一个生态花园，其间错落地散布着一些线条柔和的住宅，保障了小区的居民有一个舒适安全的生活空间。作为一个绿色生态街区，规划设计中加入地热系统和创新的垃圾分类收集，以提高当地市民的生活质量，降低能源消耗。

Pôle Culturel de Saint-Malo[1], Saint-Malo, France
Saint-Malo Cultural Hub[1], Saint-Malo, France
圣马洛文化中心[1], 法国圣马洛

1 En construction / Under construction / 建设中

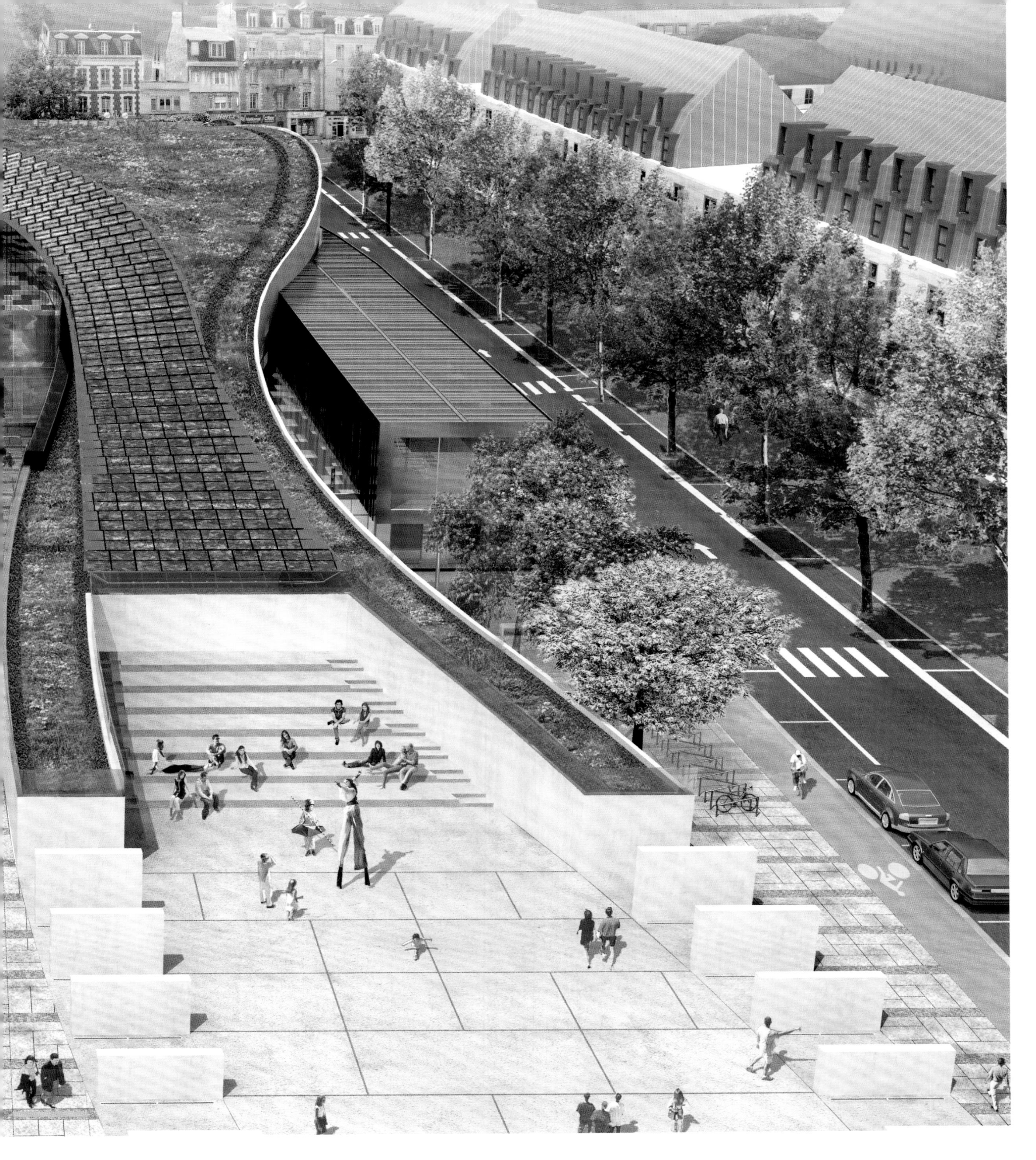

▌Le pôle culturel de Saint-Malo est conçu comme un " bâtiment-esplanade ", en réponse à son implantation au centre géographique de la ville et sur l'axe historique qui relie la nouvelle gare à la mer et à l'intramuros.

▌The Saint-Malo Cultural Hub is designed as a "building-esplanade" in response to its location in the geographical center of the city and the historical axis that connects the new station to the sea and city center.

▌圣马洛文化中心的设计核心为建筑和散步大道的结合，以对应其所在位置的战略性和标志性意义：建筑位于城市中心并处在沟通了新火车站与大海的历史轴线之上。

Icône culturelle de Saint-Malo, le pôle culturel regroupe une médiathèque, trois salles de cinéma, un foyer, une salle d'exposition, un café littéraire, une esplanade et un amphithéâtre extérieur. Le bâtiment est constitué d'une double vague qui met en mouvement l'esplanade de la gare. Les deux ensembles sont recouverts de toitures végétales et reliés par un long ruban aérien recouvert de panneaux photovoltaïques. Son chauffage est puisé dans le sous-sol, par géothermie.

Cultural icon of Saint-Malo, the Cultural Hub includes a digital library, three cinemas, a lobby, an exhibition room, a literary café, an esplanade and an outdoor amphitheatre. The building is composed of a double wave that sets the station esplanade in motion. The two buildings have green roofs and are connected by a long aerial ribbon covered with photovoltaic panels. The space heating is geothermal.

作为圣马洛城市的文化地标，文化中心包括数字图书馆、三座电影院、休息室、展厅、文学咖啡馆、广场及室外圆形剧场。文化中心由两座被设计为波浪形的建筑组成，使火车站前广场充满动感。建筑的屋顶均被绿化植被覆盖，并由一条悬架其上的长条形光伏太阳能板群相连接，并在地下室设有地热取暖系统。

0 5 20M
1 10

TOITURE VEGETALE TYPE PAMPA

Coupe transversale sur salle 100 / Transversal section of Movie theater 100
100 号电影院横向剖面

Bande passante Passing area 步行带	Médiathèque Multimedia center 多媒体中心	Foyer Hall 大堂	Mezzanine / Attente cinéma Mezzanine / Movie theater entrance 中层楼 / 电影入场区	Cinéma salle 100 Movie theater 100 100号电影院

Détail de la toiture / Roofing detail / 屋顶细节

Caisse d'Epargne Aquitaine Poitou-Charentes[1], Bordeaux, France
Caisse d'Epargne Aquitaine Poitou-Charentes[1], Bordeaux, France
阿奎丹和普瓦图-夏朗德大区储蓄银行总部[1], 法国波尔多

1 En études / Under design / 设计深化中

1. Jardin l'Eco-Pocket / Eco-Pocket garden / 生态窗口花园

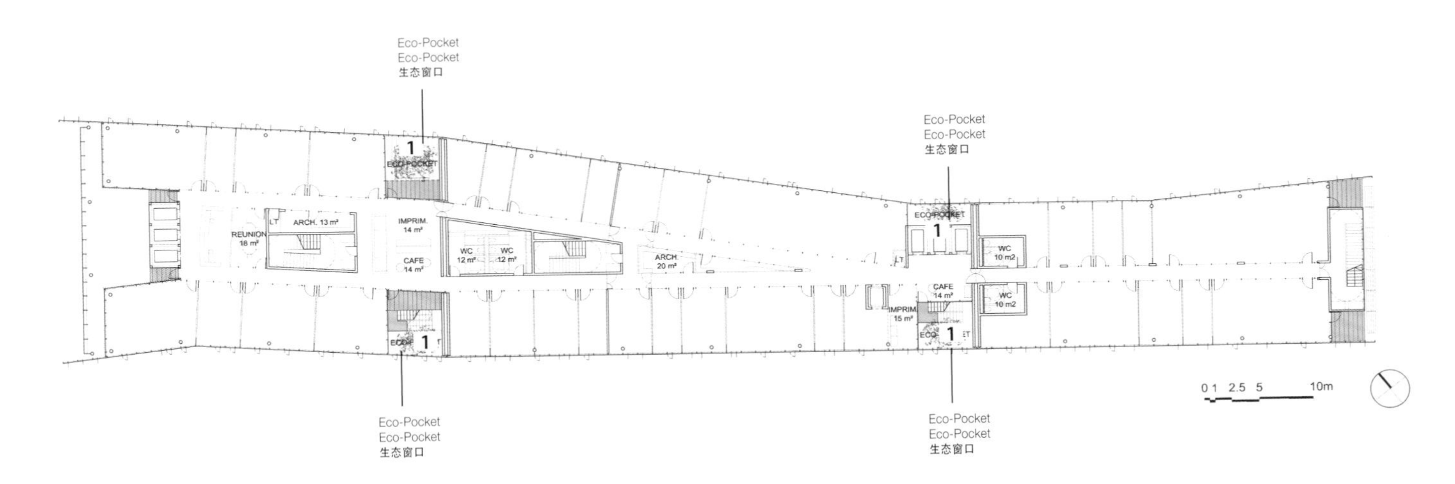

▌Installé sur l'une des berges de la Garonne, le nouveau siège social de la Caisse d'Epargne Aquitaine Poitou-Charentes valorise l'espace et le patrimoine urbain bordelais. Le projet tire parti du site et de ses orientations afin de réduire sa consommation énergétique. L'architecture compacte permet de minimiser les déperditions du bâtiment ; sa transparence contribue à réduire le recours à l'éclairage artificiel ; et les protections solaires mises en place participent d'une démarche d'éco-conception. Cette approche passive optimise le fonctionnement de ce bâtiment à énergie positive.

▌Located on one of the banks of the Garonne River, the new headquarters of the Caisse d'Epargne Aquitaine Poitou-Charentes enhances Bordeaux's urban space and heritage. The project takes advantage of the site and its orientation to reduce the need of all energy uses. The compact design of the building minimizes heat loss; its transparency helps reducing the need for artificial lighting and solar protections are part of an eco-design approach. This passive approach optimizes the functioning of this positive energy building.

▌坐落于法国加龙河河岸的两个大区（阿奎丹和普瓦图-夏朗德）的储蓄银行总部大楼设计体现了波尔多地区富有特色的历史遗迹和生态环境。该建筑充分考虑到基地特点和朝向，采用紧凑型建筑设计，以减少建筑的总体热量损失。设计充分考虑室内生态环境，透明外墙和遮阳板设计让自然光照射进建筑，减少在人工采光方面的能源需求。这种被动的交互功能优化大楼能耗，使之成为一幢主动的节能建筑。

Centre de services de Teda Huigu[1], Tianjin, Chine
Teda Huigu Services Center[1], Tianjin, China
泰达慧谷产业服务中心[1], 中国天津

1 En études / Under design / 设计深化中

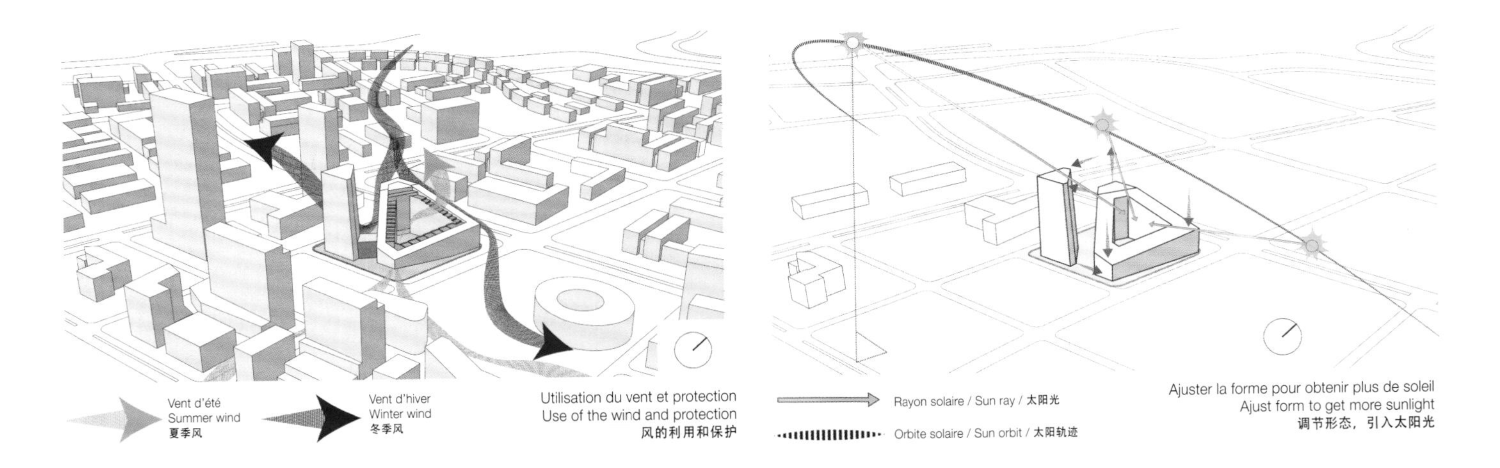

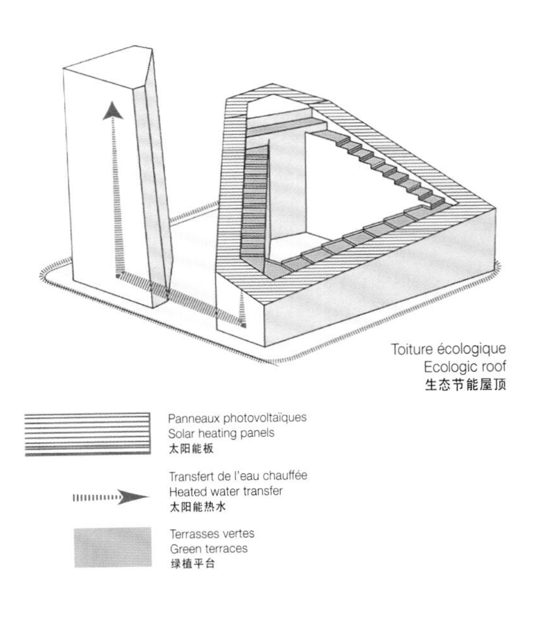

Le centre de services de Teda Huigu se situe dans le parc High-Tech, au nord de la municipalité de Tianjin. Il comprend deux tours dont un hôtel de 99 mètres de haut et un centre de recherche et développement avec bureaux. Le centre de recherche est structuré comme une cité-jardin. La cour au cœur du bâtiment fournit un espace de travail ensoleillé et protégé du froid hivernal. Un panneau solaire de 4000 m² installé sur le toit approvisionne le bâtiment en électricité et en eau chaude. Les façades ouest, sud et est des bâtiments sont dotées de brise-soleil pour mieux contrôler la luminosité intérieure. L'usage de matériaux naturels participe du projet éco-logique. L'aménagement du paysage alentour s'adapte à la forme des bâtiments et à leurs fonctions.

The Teda Huigu Services Center is located in the High-Tech Park, in the northern municipality of Tianjin. It includes two towers: a 99 m high hotel and a research and development center with offices. The research center is set out as a garden city. The courtyard in the heart of the building provides a sunny workspace protected from the winter cold. A 4,000 m² solar panel on the roof supplies the building with electricity and hot water. The west, south and east facades have sunshades to control interior lighting. This ecological project uses natural materials. The surrounding landscape adapts to the form of the buildings and their functions.

泰达慧谷产业服务中心项目位于天津市滨海新区北部的高新技术产业园内，包含一座99米高的酒店以及一座低层混合型研发办公楼。低高度的花园式研究中心办公楼为由北向南逐层降低的围合式庭院，在冬季提供免受寒风侵袭、阳光明媚的良好室内工作环境。办公楼屋面设置了近4000平方米的太阳能集热板，可为整个项目提供生活热水及部分电力供应。建筑东西南侧立面的遮阳板可方便有效地控制室内光环境。项目中天然材质的运用和周边融合建筑形态及功能的景观设计，无不体现了项目的绿色生态理念。

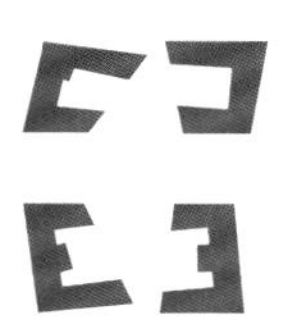

Ilot de la Porte Qilu de Jinan[1], Jinan, Chine
Jinan Qilu Gate Blocks[1], Jinan, China
济南齐鲁之门东商业综合体[1], 中国济南

1 Lauréat du concours / Competition winner / 设计中标

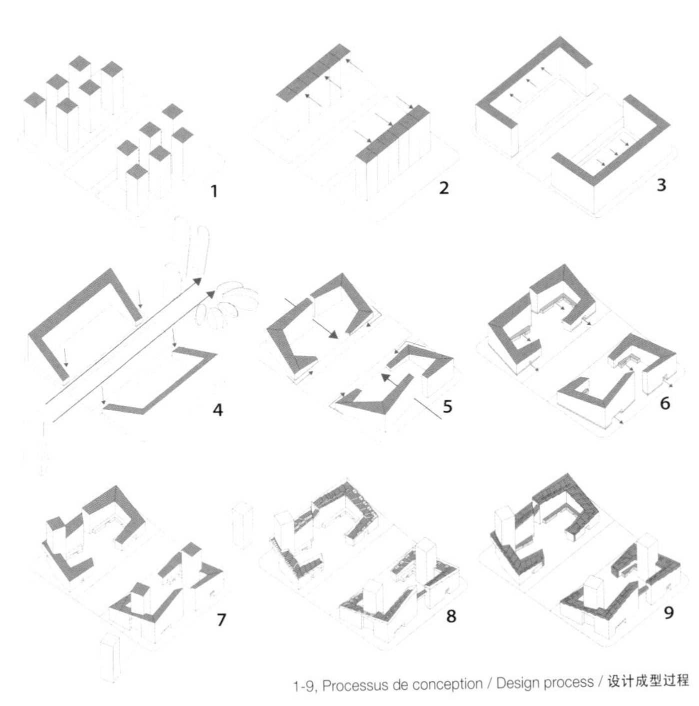

1-9, Processus de conception / Design process / 设计成型过程

▌Le nouveau quartier édifié autour de la gare du train à grande vitesse de l'ouest de Jinan – capitale du Shandong – prolonge l'axe de développement des services publics urbains. A proximité des paysages naturels de la rivière Lashanm, le projet est né de la volonté d'établir une transition entre la porte de Qilu et le centre culturel de la ville, pôle emblématique de la région. Le nouveau quartier regroupe des commerces, bureaux SOHO, appartements, hôtels et centres de loisirs répartis en deux zones symétriques, traversées d'une bande végétale qui s'étend d'ouest en est. Les différents volumes architecturaux – podium, muraille, tour, objet – abritent des espaces aux usages variés. L'environnement sain et agréable de l'esplanade centrale participe à la qualité de vie du quartier.

▌The new district built around the high-speed train station to the west of Jinan, the capital of Shandong, extends the development axis of urban public services. In proximity to the natural landscape of the Lashan River, the project was instigated to establish a transition between the Qilu Gate and the cultural center of the city, iconic center of the region. The new district includes retail, SOHO offices, apartments, hotels and leisure centers within two symmetrical zones, crossed by a planted belt stretching from west to east. The different architectural volumes—podium, wall, tower, individual element—accommodate spaces for different uses. The healthy and pleasant environment of the central esplanade contributes to the quality of life in the neighbourhood.

▌齐鲁之门东侧地块位于济南西客站片区核心区城市公共发展轴上，紧靠腊山河生态休闲景观轴。设计切入点来源于如何将齐鲁之门与济南市大剧院更好地连接与过渡，并向城市进行伸展。设计有机地结合了低密度和高密集城市肌理，贯穿东西的中央城市绿轴将地块分为两个相对独立对称的空间，集合了商业、办公、公寓、酒店和休闲娱乐等主要建筑功能。裙房、"城墙"、塔楼和休闲单体四种建筑类型丰富了空间的功能与用途，中央广场舒适宜人的环境也有利于改善当地人民的生活质量。

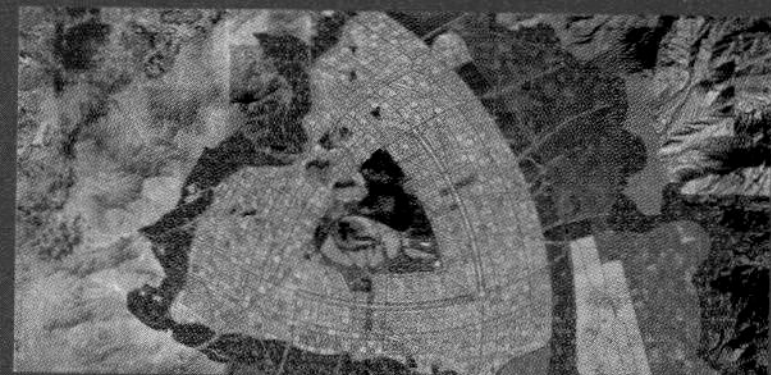

REFLEXIONS URBAINES
URBAN STUDIES
城市思考

La ville est devenue l'environnement naturel de la majorité de l'humanité. La qualité spatiale est sociale, en même temps qu'économique, environnementale et politique, c'est à dire au cœur du développement durable. L'homme est au centre de la réflexion architecturale d'AS. Architecture-Studio Mettre en œuvre le développement durable consiste ainsi en une approche globale mêlant impact du bâtiment sur son environnement et confort d'usage. Les projets interrogent les représentations liées au couple nature / ville.

A Montpellier, l'**extension du Parc Marianne** et la construction d'un nouveau quartier créent une nouvelle centralité urbaine dans un souci d'aménagement durable. A Kaboul, c'est toute la **nouvelle ville de Deh Sabz** qui intègre une démarche de développement durable visant à préserver les ressources de la future métropole. Autre ville nouvelle, **Lusail** à Doha est conçue comme une "Ville-Parc" offrant des conditions de vie agréables dans un microclimat où les chaleurs désertiques sont tempérées par des poches de végétation. Tandis qu'à La Mecque, la **nouvelle avenue Abdul Aziz** facilite les déplacements tout en créant des espaces publics de qualité, propices à la vie urbaine et au recueillement lors des pèlerinages.

En Russie, AS.Architecture-Studio développe un projet visant à dynamiser le **quartier de Moskovsky** à Saint-Pétersbourg selon un projet écologique multi-scalaire doté d'un bâti de haute qualité. En Chine, la gestion durable du **nouveau quartier de l'ouest**, la qualité de ses espaces publics et son réseau de transport développé font de Jinan une ville écologique du futur. Le développement urbain du **nouveau quartier de Taierzhuang** inclut la reconstruction de la ville historique et de nouveaux quartiers autour du lac artificiel. Le **Parc de Recherche & Développement de Jinqiao** à Shanghai s'inscrit dans un plan d'aménagement urbain respectueux du contexte naturel. Le projet de rénovation du **quartier de Zhonggulou de Taiyuan** s'articule autour d'un parcours végétal aménagé, nouveau cœur écologique de la ville.

The city has become the predominant environment of mankind. At the heart of sustainable development, spatial quality is social as well as economic, environmental and political. Human is at the center of AS architectural thinking. Accordingly, a comprehensive approach to implement sustainable development combines the impact of the building on its environment and comfort conditions. The projects question ideas about the relationship between nature and city.

In Montpellier, the extension of **Marianne Park** and construction of a new district create a new urban center with a concern for sustainable development. In Kabul, the **New City of Deh Sabz** integrates sustainable development to preserve the resources of the future metropolis. Another new town, **Lusail** in Doha, is designed as a "city-park" to provide pleasant living conditions in a microclimate where the desert heat is cooled by pockets of vegetation. In Mecca, the **new Abdul Aziz Avenue** facilitates movement whilst providing quality public spaces conducive to urban life and meditation during pilgrimages.

In Russia, AS.Architecture-Studio has developed a project to revitalize the **Moskovsky District** in St.Petersburg with an environmentally friendly multi-scale, high quality built environment project. In China, the sustainable management of the **New District to the west of Jinan**, the quality of its public spaces and efficient transport network make it an ecological city of the future. Urban development of the **Taierzhuang New District** includes rebuilding the historical city and new districts around the artificial lake. **Jinqiao Research and Development Park** in Shanghai is part of an urban development plan that takes into account the natural environment. The renovation of the **Taiyuan Zhonggulou District** revolves around a planted trail development, the new green heart of the city.

城市作为人类生存的主要环境，其社会环境质量和政治经济背景都与可持续发展息息相关。以人为本始终是法国AS建筑工作室的核心思想。建筑在其所在人文社会背景下，宗旨在于提升当地人们的生活质量。可持续发展的实施首先是要尽量创造舒适感，并减少建筑物与自然环境间的冲突。本节中介绍的项目通过对建筑物理空间的改造和解读诠释了城市与自然的关系。

玛丽亚公园规划旨在重新定义一个蒙彼利埃市新街区，打造城市未来生态中心点。阿富汗的**德赫萨卜兹新城**计划旨在保护当地自然资源，为城市未来可持续发展打下基础。多哈**路塞尔城市**规划围绕"城市公园"这一主题，为居民提供了一个舒适的生活环境。在景观和绿植的映衬下，微型气候网设计缓和了卡塔尔极端的沙漠气候，有效调节了气温。麦加**阿卜杜勒·阿齐兹国王大道**规划项目综合考虑多方面因素，建立城市公共休闲空间，提升城市生态质量，为朝圣者提供了舒适惬意的朝圣空间。

圣彼得堡**莫斯科夫斯基区**实现了一个生态化、多层次的高质量住宅区规划。**济南西部新城城区**规划项目以城市节能减排提升空间舒适度为重，在体现泉城文化基础上提出新的道路交通系统。**台儿庄月河、兰祺河**规划项目对人造湖周围的旧城和新城市进行规划整合，交织的道路网赋予规划后城市新面貌。**金桥研发楼园区**根据其所在的自然环境，和谐分配院内建筑物。**太原市钟鼓楼地区**的绿化景观步行带贯穿整个基地，成为该方案生态城市空间布局的重要轴线。

Ville nouvelle de Deh Sabz[1], Kaboul, Afghanistan
New City of Deh Sabz[1], Kabul, Afghanistan
德赫萨卜兹新城[1], 阿富汗喀布尔

1 En études / Under design / 设计深化中

Ce projet prévoit la construction d'une nouvelle ville qui pourra accueillir à terme plus de trois millions d'habitants, sur le site de Deh Sabz (40000 hectares), qui jouxte le nord de Kaboul. Cette nouvelle ville doit permettre de pallier la forte croissance démographique de la ville et la dégradation alarmante des conditions de vie.

This project instigates the construction of a New Town that will eventually accommodate more than three million inhabitants on the 40,000 hectare Deh Sabz site adjacent to the north of Kabul. The new town should deal with the high population growth of the city and the alarming deterioration of living conditions.

阿富汗喀布尔新城规划项目旨在在该城市北部的德赫萨卜兹约4万公顷的土地上建立起一片可容纳300万居民的新城。新城亟需解决人口高速增长和生活质量大幅下降的问题。

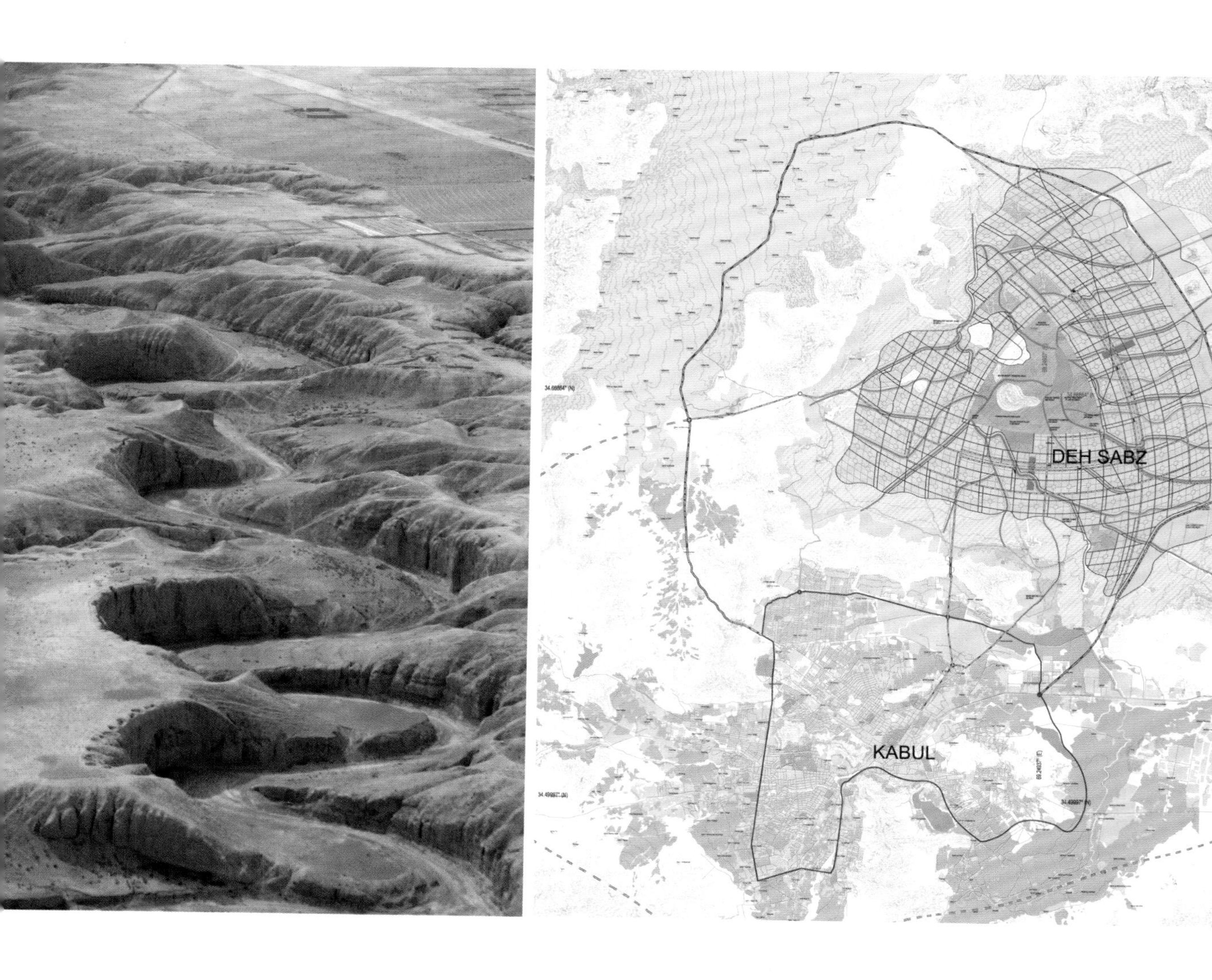

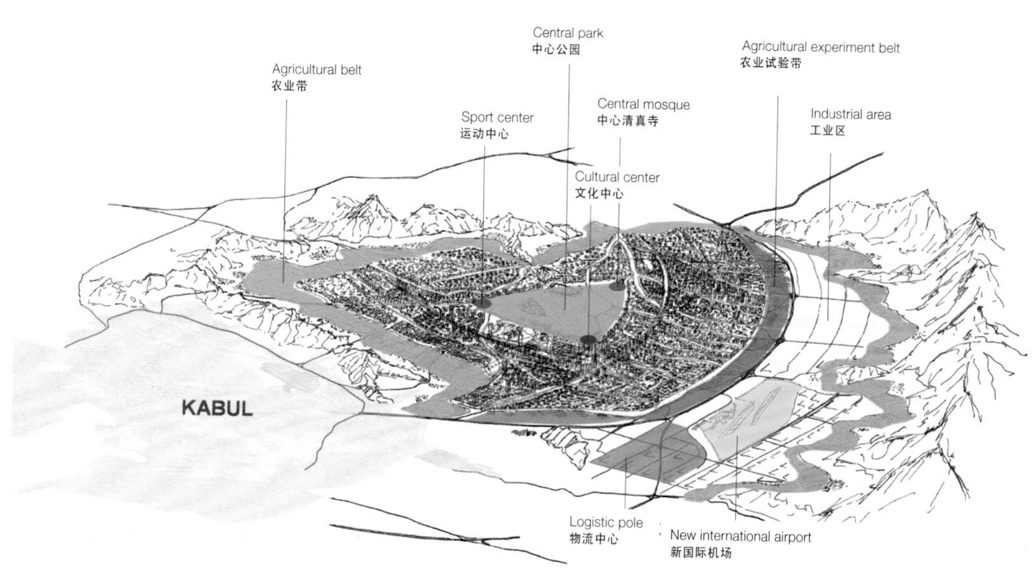

Il s'agit de pourvoir Kaboul et la nouvelle ville en quantité d'eau suffisante, de reconstruire la ville historique, d'insuffler la dynamique économique nécessaire et de développer les institutions sociales, éducatives et de santé, le tout dans une démarche de développement durable visant à préserver les ressources de la future métropole.

It will supply Kabul and the new town with sufficient water, rebuild the historic city, inject the necessary economic dynamics and develop social, education and health institutions within a sustainable development process to preserve the resources of the future metropolis.

提供充足的水源，古城的重建，为城市经济注入新鲜活力，发展社会、教育与卫生机构等，都是喀布尔与新城可持续发展进程中不可或缺的步骤，同时为兴建未来大都市保存必要的基础资源。

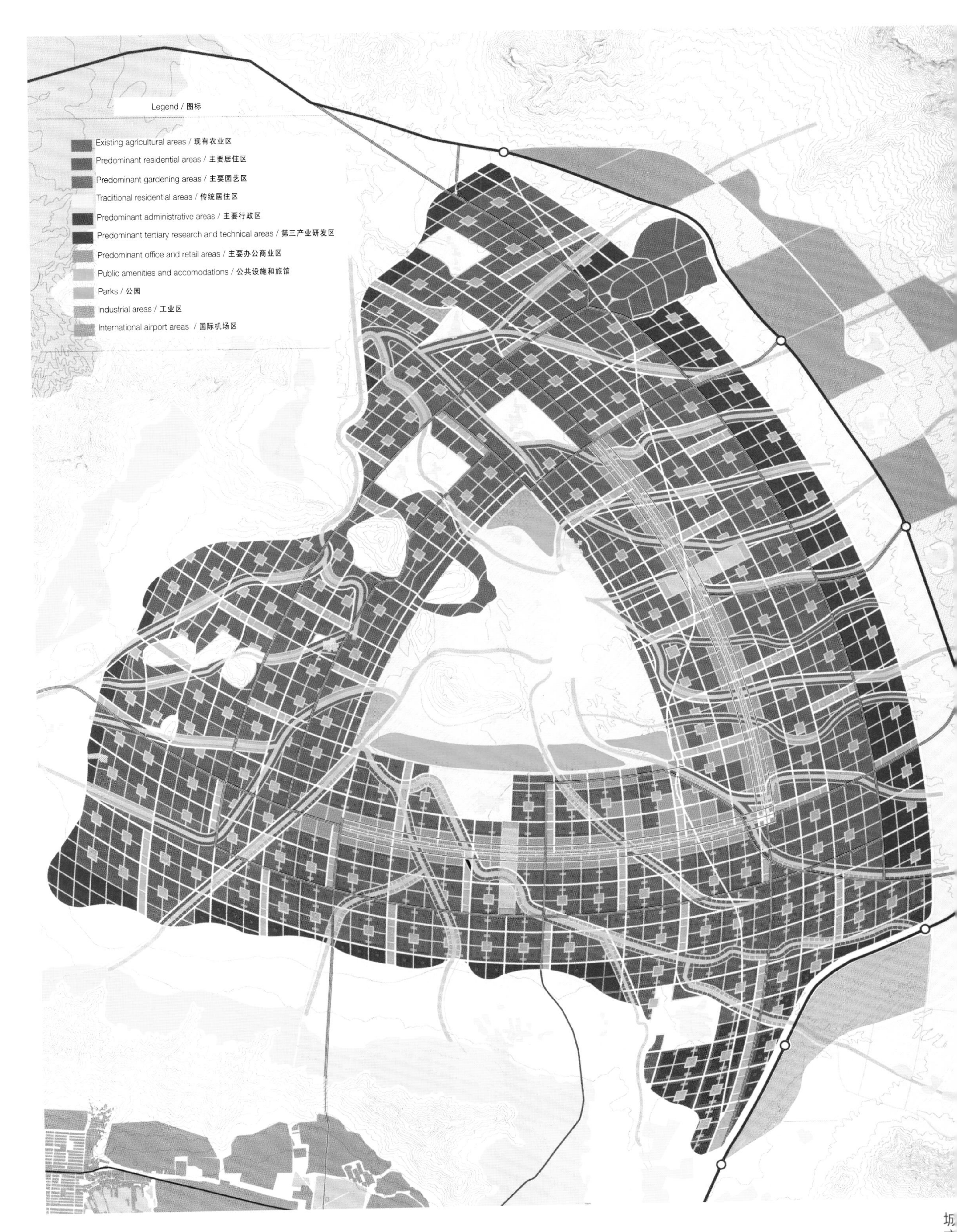
Legend / 图标
Existing agricultural areas / 现有农业区
Predominant residential areas / 主要居住区
Predominant gardening areas / 主要园艺区
Traditional residential areas / 传统居住区
Predominant administrative areas / 主要行政区
Predominant tertiary research and technical areas / 第三产业研发区
Predominant office and retail areas / 主要办公商业区
Public amenities and accomodations / 公共设施和旅馆
Parks / 公园
Industrial areas / 工业区
International airport areas / 国际机场区

Axe Central de la Nouvelle Ville de Jinan[1], Jinan, Chine
Central Axis in Jinan Western New City[1], Jinan, China
济南西部新城中轴线[1], 中国济南

1 En études / Under design / 设计深化中

▌Le nouveau quartier de l'ouest de Jinan, capitale du Shandong, s'établit sur un terrain d'environ 6 kilomètres carrés à proximité de la gare du train à grande vitesse. Le plan général de la nouvelle zone prévoit de multiples activités : finance, commerce, exposition, enseignement supérieur, recherche scientifique, culture, loisirs.

▌The new district near the high-speed train station to the west of Jinan, the capital of Shandong, is planned on a site of about 6 square kilometres. The strategic plan for the new zone provides multiple activities: financial, commercial, exhibition, higher education, scientific research, cultural and leisure.

▌高铁西客站片区位于山东省会济南西部新城，核心区规划用地约6平方公里。按照总体规划，将形成以金融、商业、会展、文化、高教、科研、休闲、娱乐等功能为主导的综合性生态新区。

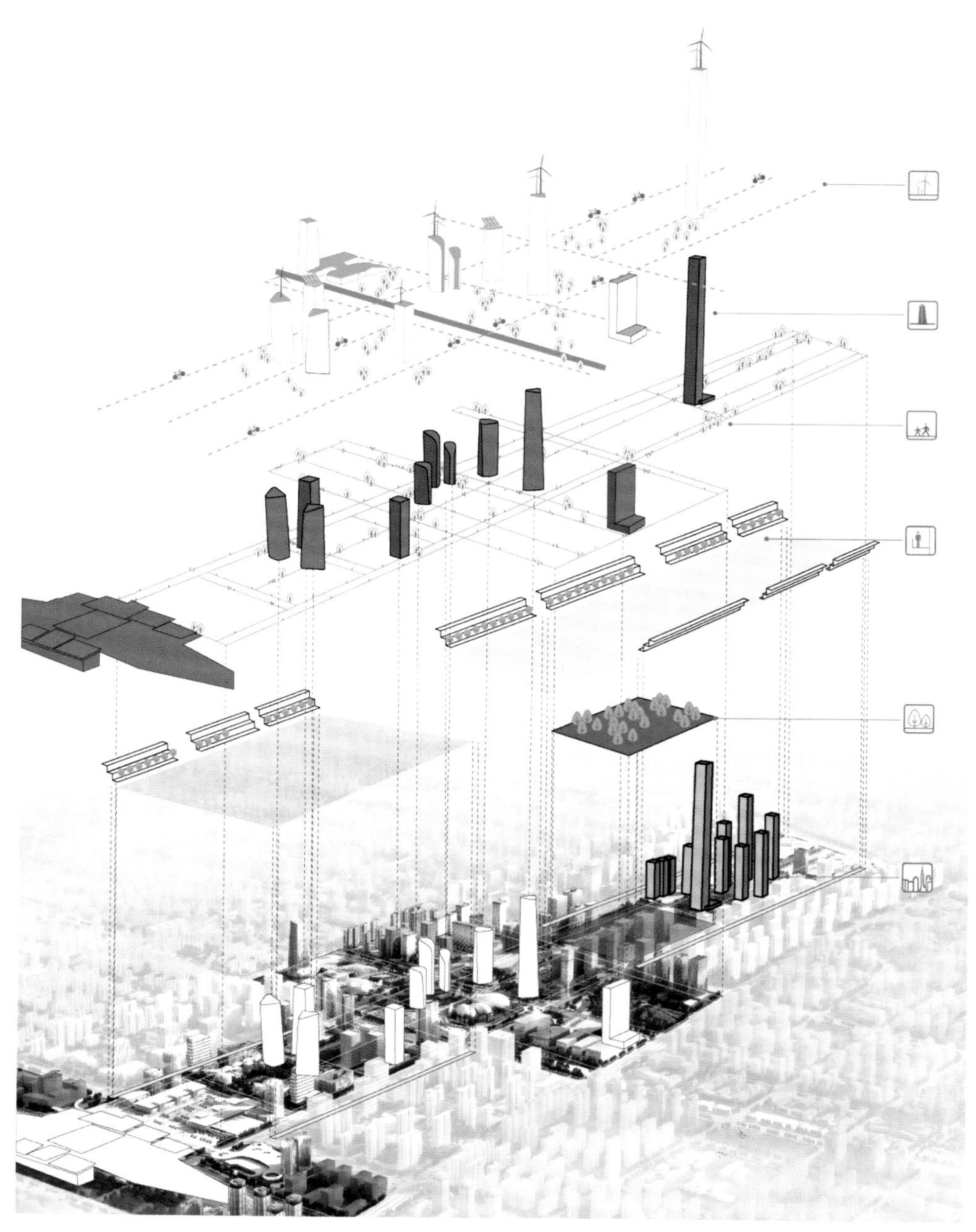

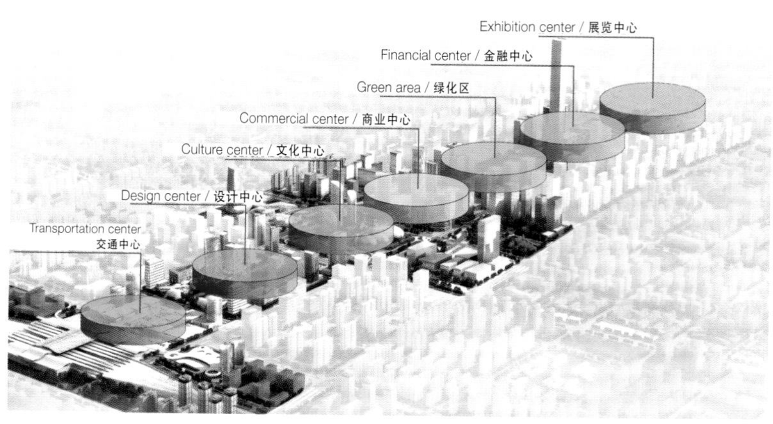

Dans une ville à la forte croissance économique et urbaine, ce quartier fait office de repère culturel. La conception des principaux bâtiments et des espaces publics s'inspire du patrimoine historique de la «ville aux sources». La gestion durable du quartier, la qualité de ses espaces publics et son réseau de transport développé font de Jinan une ville écologique du futur.

In a city with a strong economic and urban growth, this district serves as a cultural landmark. The design of the main buildings and public spaces is inspired by the historic heritage of "the city of springs". The sustainable management of the district, the quality of its public spaces and efficient transport network make Jinan an ecological city of the future.

济南的经济与城市建设都在飞速发展，因此设计特别强调城市规划对于泉城文化的传承与展示。城市天际线、重点建筑和公共空间的设计无不从城市的文脉中汲取灵感，融入"泉"的元素。规划中提出的坚持区域可持续发展、保证公共空间质量、提升区域交通便捷性等措施一定会将济南打造成未来生态之城。

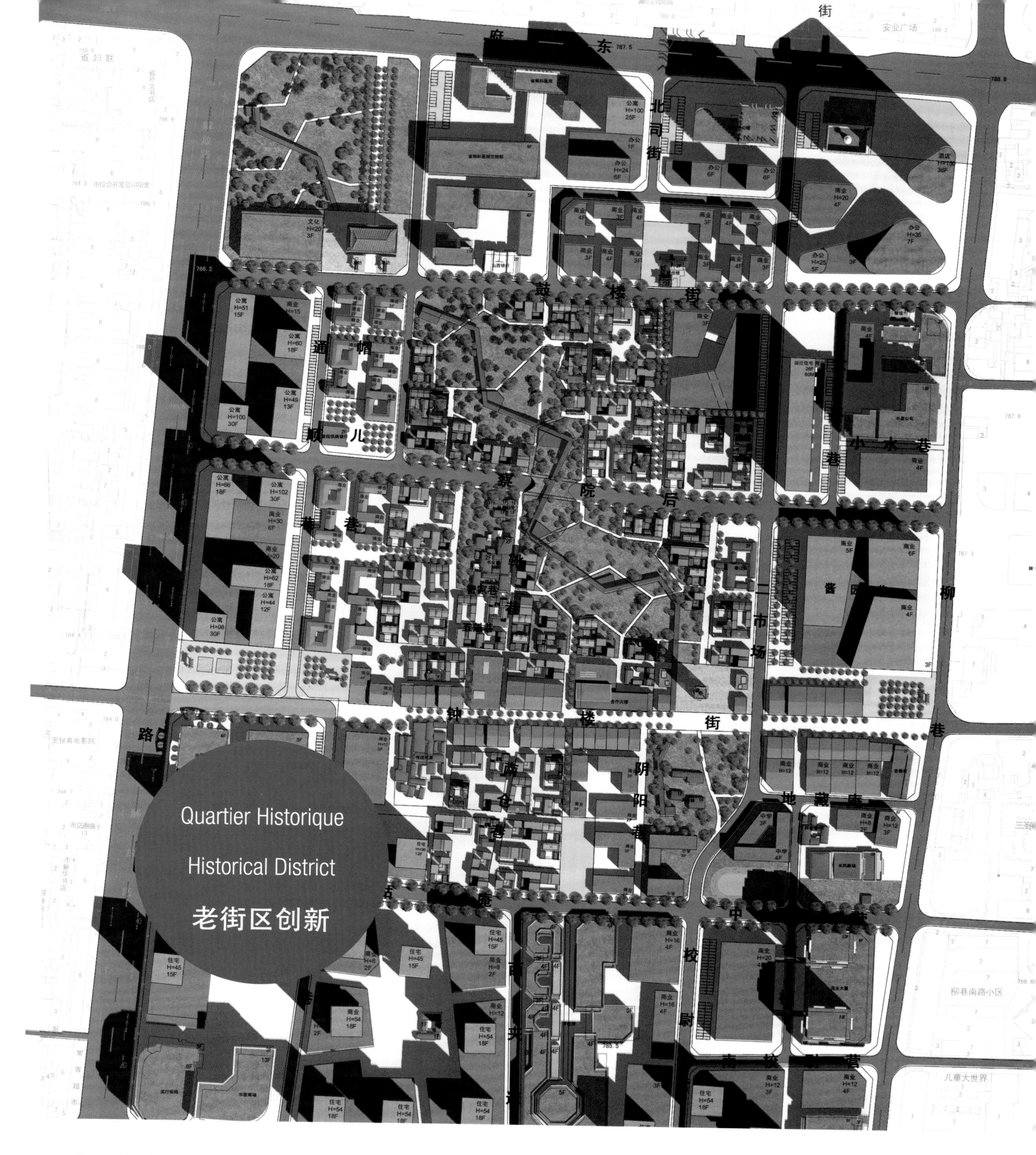

Quartier de Zhonggulou de Taiyuan[1], Taiyuan, Chine
Taiyuan Zhonggulou Disctrict[1], Taiyuan, China
太原钟鼓楼地区修建性规划[1], 中国太原

1 En études / Under design / 设计深化中

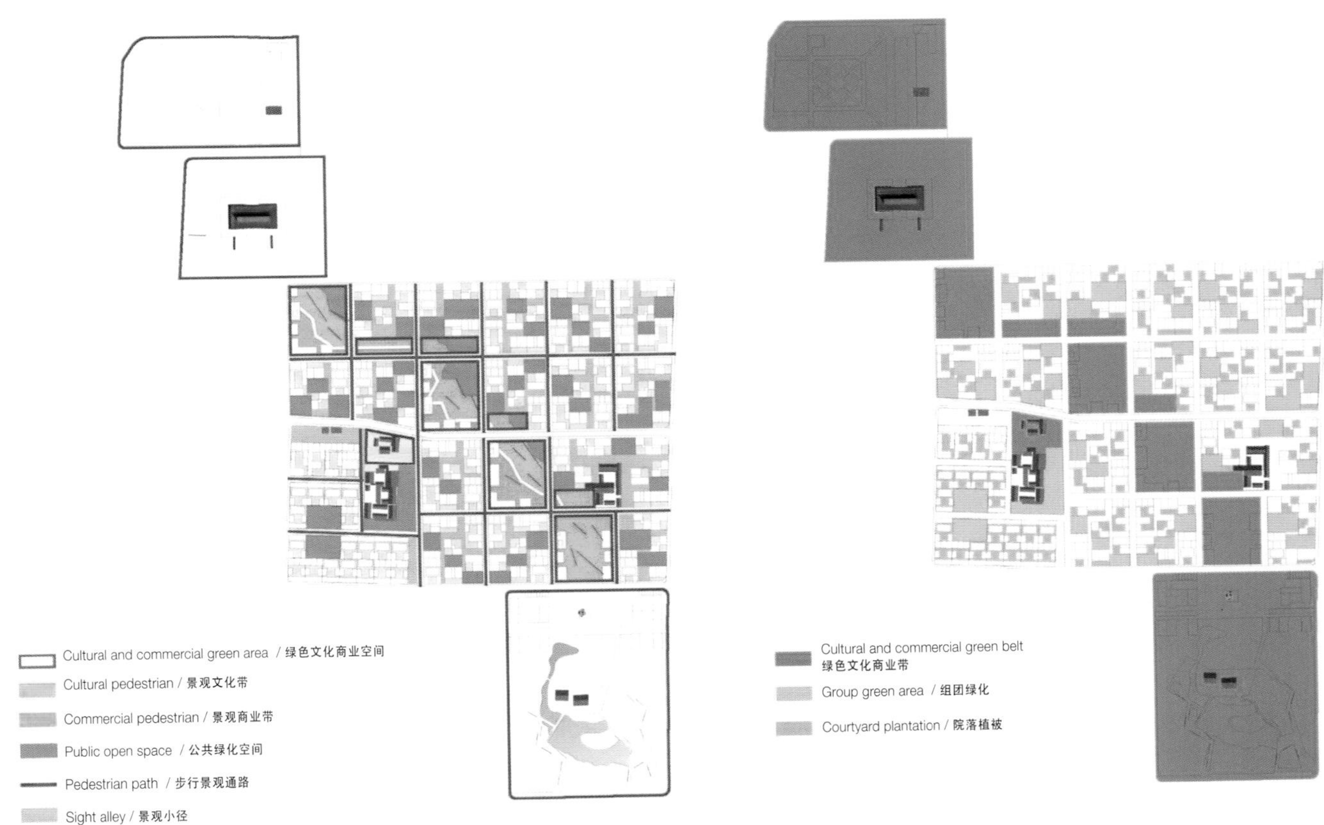

A Taiyuan, dans la province de Shanxi, le patrimoine du quartier historique du beffroi et de la tour du tambour est fortement dégradé, situation aggravée par une circulation automobile chaotique. Le projet de rénovation du quartier s'articule autour d'un cœur historique réhabilité, d'un parcours végétal aménagé de places commerciales, de rues piétonnes et d'une zone de bureaux et logements. Suivant l'axe historique de développement de Taiyuan, la promenade paysagère relie les belvédères Zhonglou et Gulou. Séquence paysagère et culturelle, cette ceinture verte représente le nouveau cœur écologique de la ville.

In Taiyuan, within the Shanxi Province, the belfry and drum tower historic district heritage is badly degraded, a situation exacerbated by a chaotic traffic. The renovation project revolves around a rehabilitated historic heart, a planted itinerary of shopping squares, pedestrian streets and a commercial and residential zone. Following the historic development axis of Taiyuan, the landscaped promenade links the Zhonglou and Gulou belvederes. A landscape and cultural sequence, this green belt is the new ecological heart of the city.

本项目旨在改善位于山西省太原市的钟鼓楼历史文化区交通混乱、街区老化等现象日益严峻的现状，将本地区建设成为以商业、文化娱乐、服务为一体的城市传统历史文化街区。设计沿着太原市历史发展轴线，设置了一条连接钟楼鼓楼的绿化景观步行带，贯穿整个基地。景观步行带包含以特色商业功能为依托的开放式广场、步行街区及办公居住区，成为城市空间布局的重要轴线，同时力图演变为一条具有历史人文内涵的绿色走廊，为太原市增添一座亮丽的生态中心。

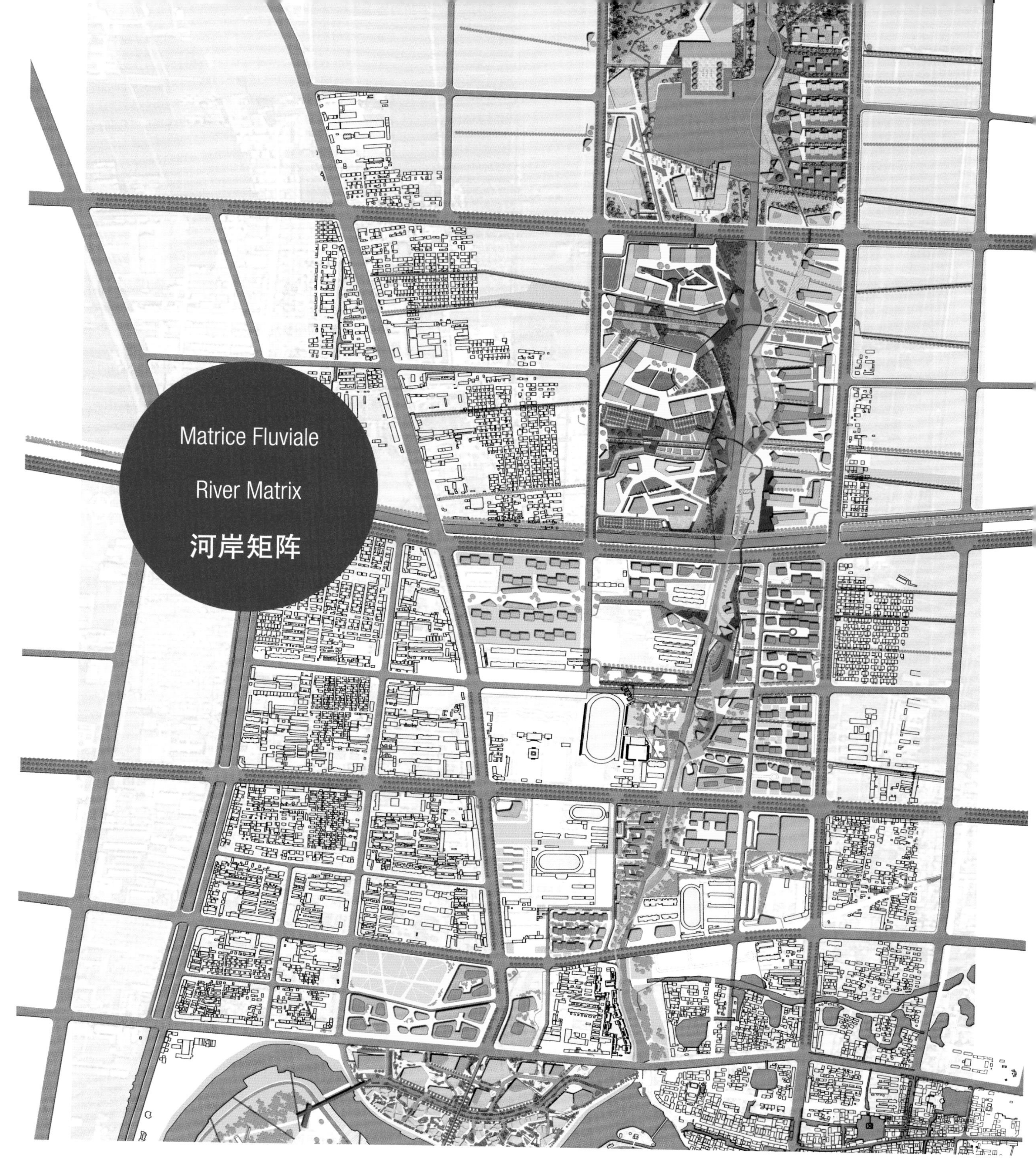

Complexe Urbain de Taierzhuang[1], Zaozhuang, Chine
City Complex of Taierzhuang[1], Zaozhuang, China
台儿庄城市综合体[1], 中国枣庄

1 En études / Under design / 设计深化中

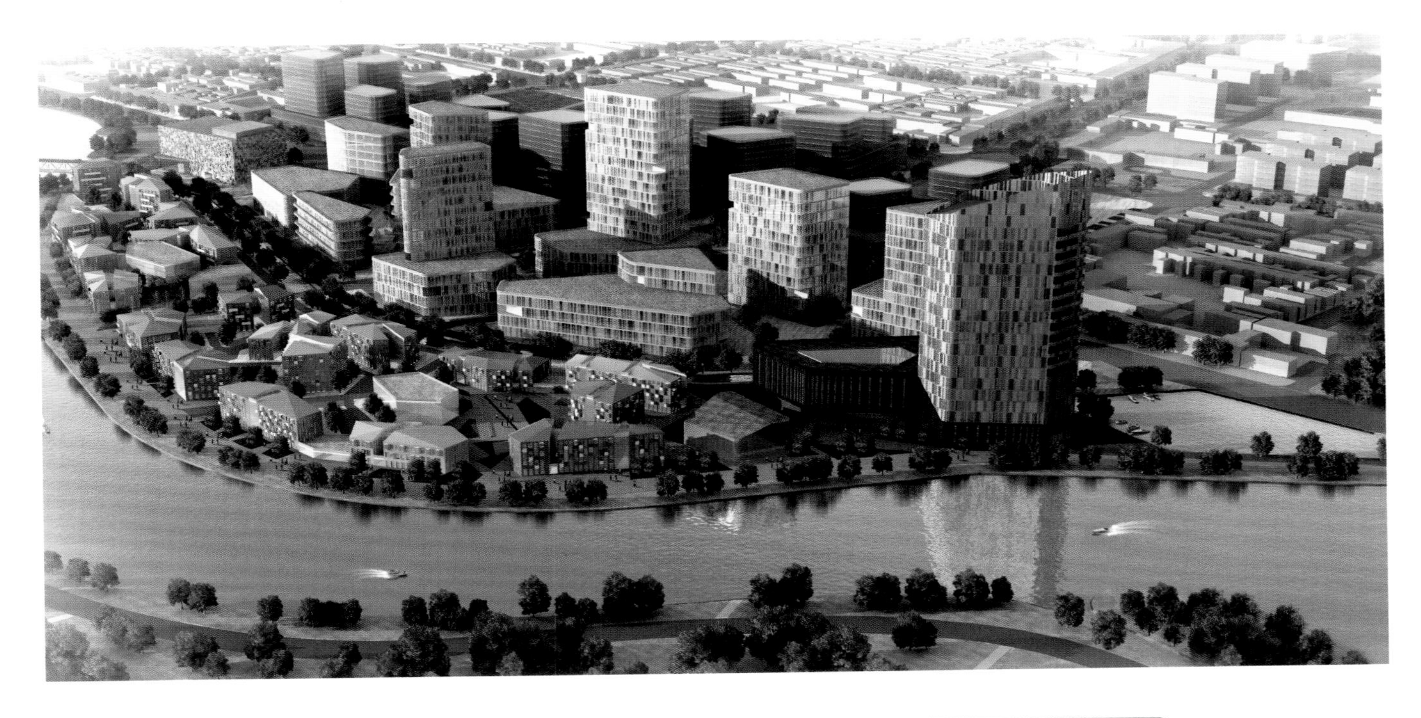

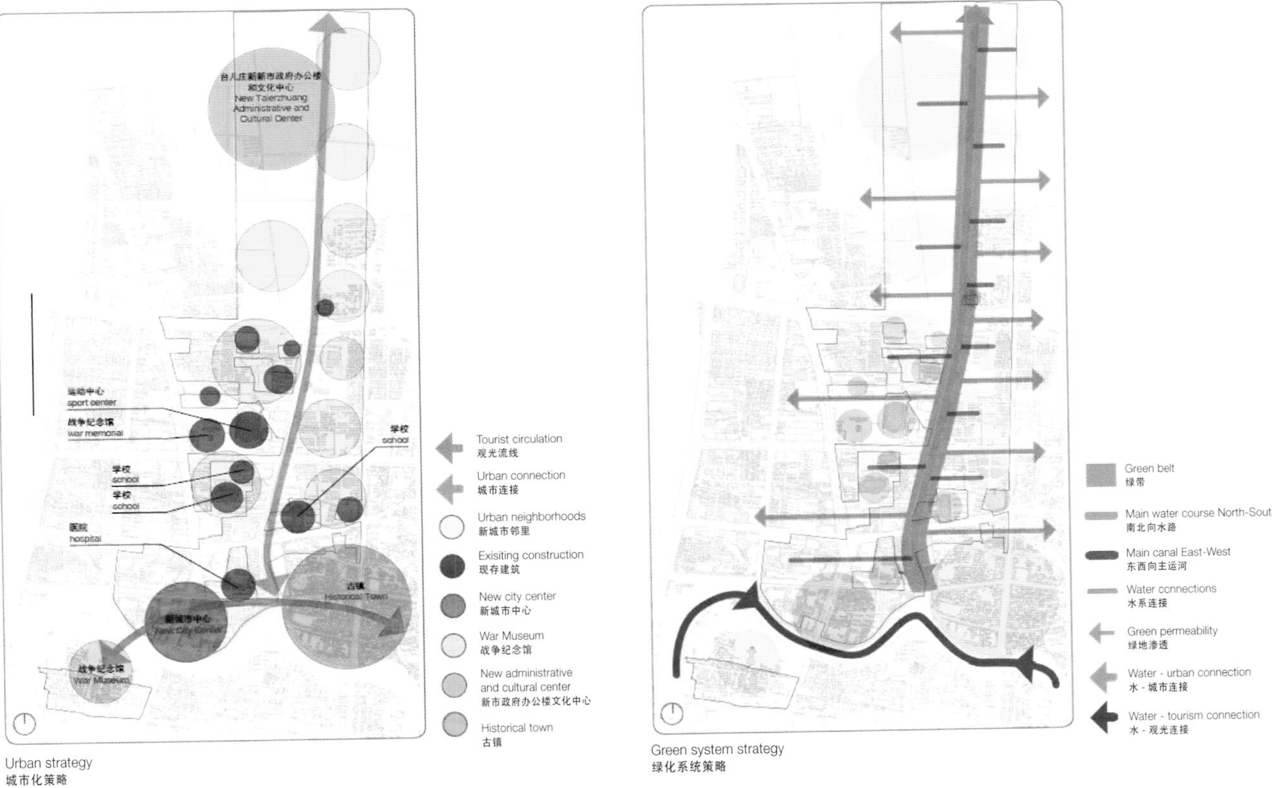

Urban strategy
城市化策略

Green system strategy
绿化系统策略

▌Situé au sud de la province du Shandong, le projet de développement urbain du nouveau quartier de Taierzhuang dans la ville de Zaozhuang inclut la reconstruction de la ville historique et la construction d'espaces dédiés à la culture et au commerce. Le projet a pour vocation de transformer le territoire, en développant principalement les voies navigables, la végétation sur les rives des deux rivières Yuehe et Lanqi et les quartiers culturels. La préservation du paysage naturel existant est complétée par la création d'espaces verts reliés par des canaux artificiels, l'ensemble formant une véritable zone écologique reliant la ville à la nature.

▌Located in the south of Shandong Province, the urban development project of the Taierzhuang New District in Zaozhuang includes the reconstruction of the historic city and construction of cultural and commercial facilities. The project will transform the region by developing waterways, vegetation on the banks of both the Yuehe and Lanqi Rivers and cultural districts. The conservation of the existing natural landscape is complemented by the creation of parks connected by artificial canals, the whole forming an ecological zone connecting the city to nature.

▌台儿庄位于山东省枣庄市南面，古城新区的发展包括对历史文化区域的修复与文化商贸新区的兴建。项目旨在改造城市肌理、发展月河和兰祺河的航道、整合两岸的绿色植被以及规划河岸附近的文化区域。人造运河将新建的绿化景观连接了起来，延续并丰富了现存自然景观，为市民提供了更多宜人的绿色休闲空间，使城市与自然融为一体。

Parc de Recherche & Développement de Jinqiao, Shanghai, Chine
Jinqiao Research & Developement Park, Shanghai, China
金桥研发楼园区, 中国上海

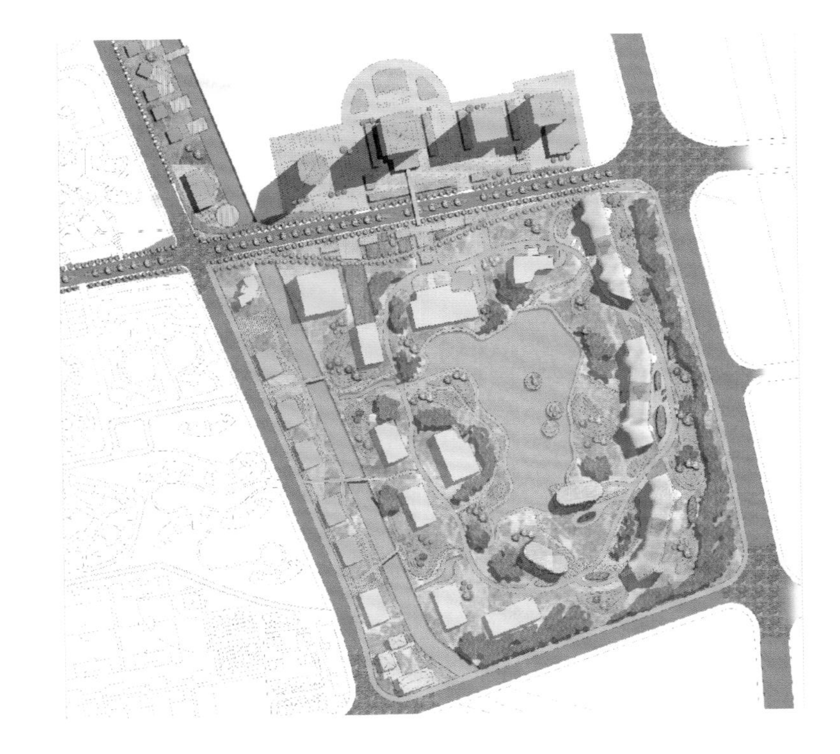

▌Le Parc de Recherche & Développement de Jinqiao à Shanghai s'inscrit dans la continuité du plan d'aménagement imaginé par le groupe pour l'ensemble du site. Le projet est organisé autour du lac central qui crée un vide autour duquel sont disposés les différents bâtiments. L'architecture contemporaine des bâtiments s'intègre harmonieusement dans ce paysage préservé. Côté lac, les bureaux sont largement ouverts vers l'extérieur et sont protégés par la toiture qui fait office de brise-soleil. Côté rue, la toiture se prolonge, formant une coque qui enveloppe l'arrière des bâtiments, réduisant ainsi les nuisances sonores. Lumineux et chaleureux, l'ensemble crée un environnement de travail de haute qualité.

▌Jinqiao Research & Development Park in Shanghai is a continuation of the development plan for the entire site. The project is planned around the central lake that creates a void around which are sited the various buildings. The contemporary architecture blends harmoniously into the conserved landscape. On the lake side, offices are widely opened onto the outside and protected by the roof that serves as a sunshade. On the street, the roof extends to form a shell that envelopes the rear of the buildings thus reducing noise pollution. Bright and friendly, the complex creates a high quality work environment.

▌上海金桥研发楼园区项目继承现有的园区规划，并为之加入更多生态景色和新的空间组织。设计围绕一个中央湖泊分布建筑，旨在创造一个和谐舒适的环境。园内建筑因地制宜，与景观有机结合，形成一个尊重环境、保护生态的现代园区形象。环湖一侧的办公空间向外部开敞，同时被遮阳屋顶所保护。临街一侧，屋顶延伸成镂空外壳包住建筑背面，隔绝噪声污染。整体建筑空间明朗而热情，充满开放性和灵活性，创造出一个高品质的工作环境。

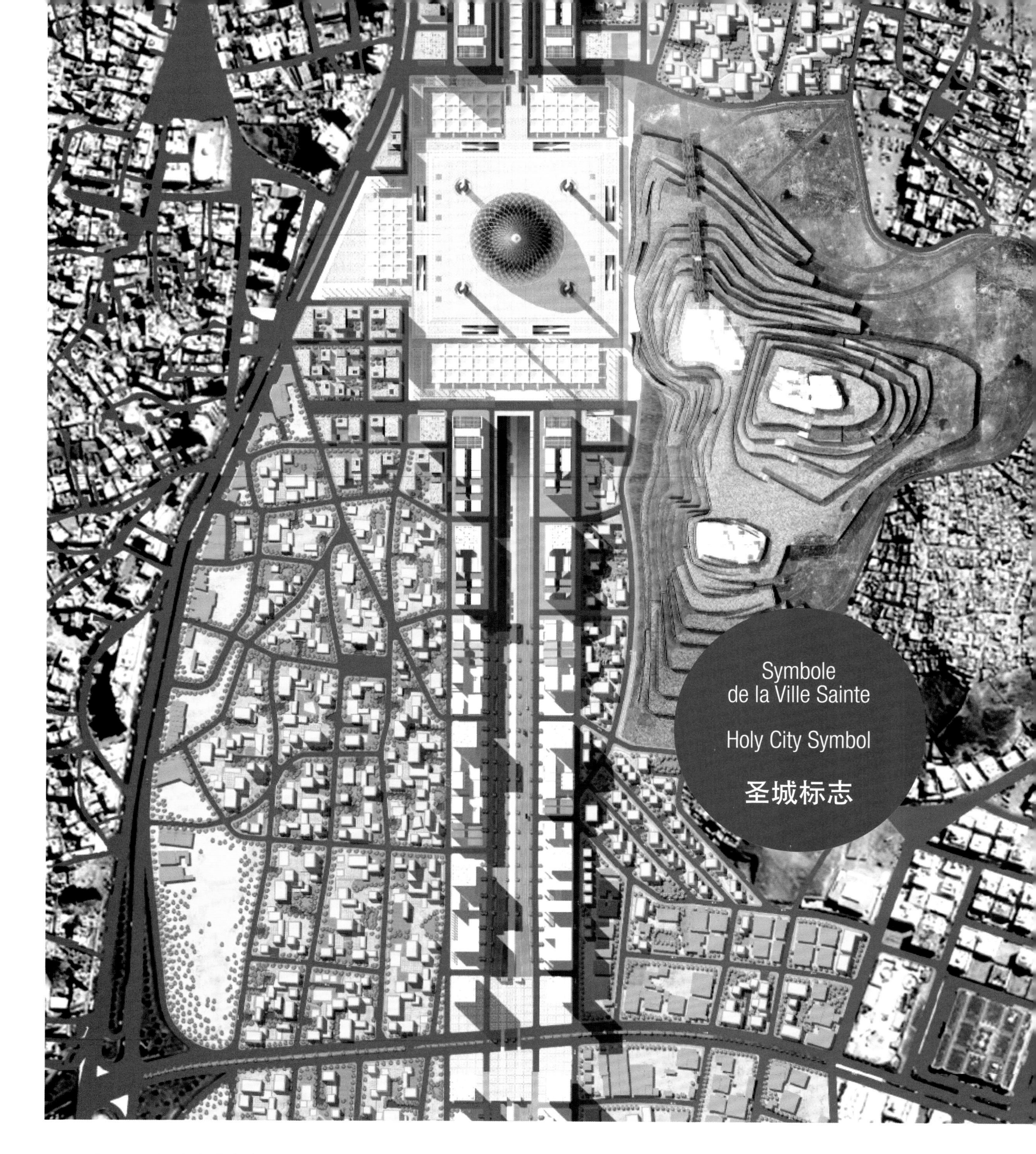

Avenue du Roi Abdul Aziz, La Mecque[1], Arabie Saoudite
King Abdul Aziz Avenue, Mecca[1], Saudi Arabia
阿卜杜勒・阿齐兹国王大道[1], 沙特阿拉伯麦加

1 En études / Under design / 设计深化中

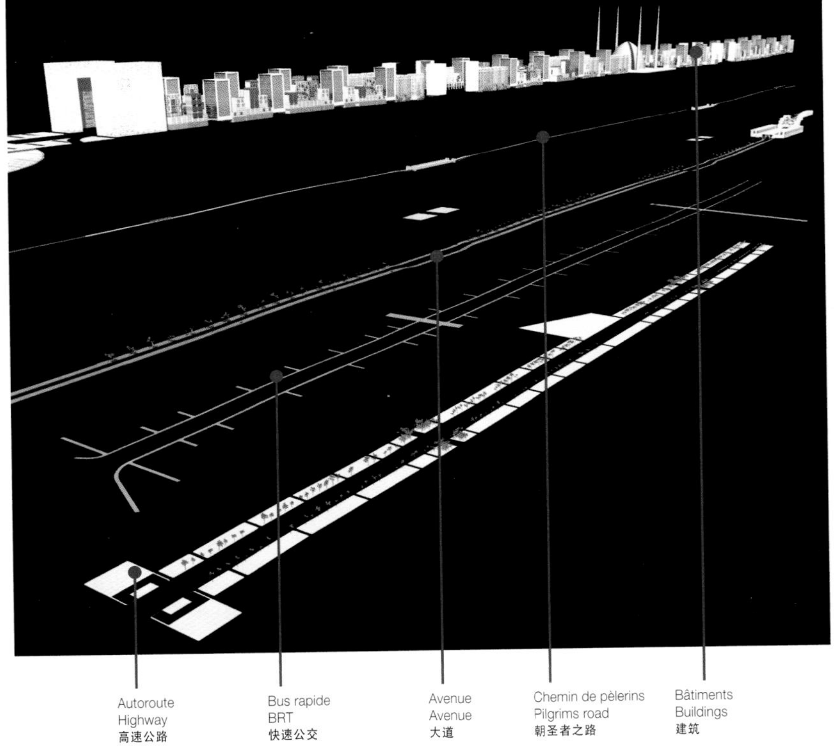

▌L'avenue Abdul Aziz est un projet exceptionnel s'étendant d'ouest en est vers le Haram, à la Mecque, en Arabie Saoudite. Cet axe rectiligne symbolise le chemin du pèlerin à la Mecque pour l'ensemble du monde musulman. L'objectif du projet est d'en faire un axe principal de la ville tout en respectant le caractère historique et religieux de la ville sainte. Le projet intègre, avec un juste équilibre, une voie rapide de transit, un système de transports publics, des voies de dessertes locales et des espaces publics piétons. Ce nouvel axe facilite les déplacements tout en créant des espaces publics de qualité, propices à la vie urbaine et au recueillement lors des pèlerinages. Le cœur de l'avenue du roi Abdul Aziz battra au rythme de la vie quotidienne, mais aussi à celui des différentes fêtes religieuses.

▌Abdul Aziz Avenue is an exceptional project extending from west to east towards Haram in Mecca, Saudi Arabia. The straight axis symbolizes the path of the pilgrim to Mecca. The project makes it a main axis of the city whilst respecting the historic and religious character of the holy city. The project integrates with the right balance between a rapid transit route, a public transport system, local access and pedestrian spaces. This new axis facilitates movement whilst providing quality public spaces conducive to urban life and meditation during pilgrimages. The heart of the King Abdul Aziz Avenue will beat to the rhythm of daily life but also to that of the different religious holidays for the whole Muslim world.

▌纵贯圣地麦加的阿卜杜勒·阿齐兹国王大道改造项目在沙特阿拉伯具有极其特殊的地位，象征着穆斯林世界的朝圣者向麦加行进的路线。这条城市主轴线的建设要在保留城市历史特色、尊重宗教传统的基础上进行。项目融合了高速公路、快速公交系统、当地沙化道路与公共步行空间，为多种生活节奏提供平衡互补的服务。这条轴线在优化交通的同时也为城市增加高质量的公共空间，阿卜杜勒·阿齐兹国王大道中心将对缓解日常交通生活节奏、保证城市在重大朝圣节日正常运行起到巨大作用。

ANNEXES
APPENDIX
附录

Institut du Monde Arabe
Arab World Institute
阿拉伯世界研究中心

34

MAITRE D'OUVRAGE / 业主： Institut du Monde Arabe 阿拉伯世界研究中心
SURFACE / 建筑面积： 27 000 m²
ARCHITECTES / 建筑师： AS.Architecture-Studio, J. Nouvel, G. Lezenes, P. Soria
BUREAUX D'ETUDES / 技术支持： SETEC Bâtiment
LIVRAISON / 交工时间： 1987

Ecole Supérieure de Commerce Novancia
Novancia Business School
诺凡西亚高等商学院

38

MAITRE D'OUVRAGE / 业主： Chambre de Commerce et d'Industrie de Paris Direction des Affaires Immobilières 巴黎工商会
SURFACE / 建筑面积： 22 360 m2 (parking compris / 包括停车位)
BUREAUX D'ETUDES / 技术支持： Arcoba
Eco Cités (Economie et HQE / 经济估算)
AVA（Acoustique / 舞台声学设计顾问）
LIVRAISON / 交工时间： 2011

Manufacture de Tabac de Zhonghua
Zhonghua Tobacco Factory
中华卷烟厂

42

MAITRE D'OUVRAGE / 业主： Shanghai Tobacco Group Co. 上海烟草集团
SURFACE / 建筑面积： 106 500 m²
LIVRAISON / 交工时间： 2010

Eglise Notre-Dame de l'Arche d'Alliance
Notre-Dame de l'Arche d'Alliance Church
约柜圣母教堂

46

MAITRE D'OUVRAGE / 业主： Association diocésaine de Paris, Association Alliance Réalisation, S.C.I.C.A.M.O.
巴黎教区协会、建造联盟协会与S.C.I.C.A.M.O.
SURFACE / 建筑面积： 1 600 m²
BUREAUX D'ETUDES / 技术支持： Noble Ingénierie
Séca Structure
LIVRAISON / 交工时间： 1998

Théâtre National de Bahreïn
Bahrain National Theater
巴林国家大剧院

50

MAITRE D'OUVRAGE / 业主： Royaume de Bahrein, Ministry of Works and Housing
巴林劳动与住房部
SURFACE / 建筑面积： 10 370 m²
BUREAUX D'ETUDES / 技术支持： SETEC Bâtiment
Atkins
Theatre Project Consultants
L'Observatoire
XU Acoustics (Acoustique / 声学设计）
LIVRAISON / 交工时间 2013

Stade Régional de Liévin
Liévin Regional Stadium
列万大区体育馆

54

MAITRE D'OUVRAGE / 业主： Ville de Liévin 列万市
SURFACE / 建筑面积： 21 000 m²
ARCHITECTE ASSOCIÉ / 联合设计： ARC.AME
BUREAUX D'ETUDES / 技术支持： Choulet
Khephren
Eco Cités (Économie / 造价估算)
J.P. Chabert (Scénographie / 舞台设计)
AVA（Acoustique / 音效设计）
LIVRAISON / 交工时间： 2009

Siège Social et Laboratoires de Wison Chemical
Wison Chemical Headquarters and Laboratories
惠生生物化工工程园区

58

MAITRE D'OUVRAGE / 业主： Wison Chemical 惠生生化集团
AMENAGEUR / 委托方： Shanghai Z.J. Biotech & Pharmaceutical Base Development Co Ltd
上海张江生物医药基地开发有限公司
SURFACE / 建筑面积： 20 000 m²
BUREAUX D'ETUDES / 技术支持： Pierre Martin
Choulet
LIVRAISON / 交工时间： 2003

Bâtiment de Bureaux de Jinqiao
Jinqiao Office Buildings
金桥研发楼

62

MAITRE D'OUVRAGE / 业主： Jinqiao Group 金桥集团
SURFACE / 建筑面积： 26 955 m²
LIVRAISON / 交工时间： 2009

Centre Hospitalier Universitaire de Pointe-à-Pitre
Pointe-à-Pitre University Hospital Center
皮特尔角城大学医疗中心

64

MAITRE D'OUVRAGE / 业主： CHU de Pointe-à-Pitre, Les Abymes 皮特尔角城大学医疗中心，萨莱比梅
SURFACE / 建筑面积： 82 800 m²
ARCHITECTE ASSOCIÉ / 联合设计： Babel, Alain Nicolas
BUREAUX D'ETUDES / 技术支持： Ingerop
Eco-Cités, Tecsol
(Economie- HQE / 高环境质量经济估算)
Agence Ter (Paysagiste / 景观设计)
LIVRAISON / 交工时间 ： 2019

Village des Pèlerins
Pilgrims' Village
朝圣者之家

66

MAITRE D'OUVRAGE / 业主： Comité permanent chargé de l'organisation du pèlerinage
朝圣组织常务委员会
SURFACE / 建筑面积： 88 495 m²
COMMANDE / 委托时间： 2013

Théâtre Le Quai
Le Quai Theater
河岸剧院

70

MAITRE D'OUVRAGE / 业主： Ville d'Angers 昂热市
SURFACE / 建筑面积： 16 500 m²
BUREAUX D'ETUDES / 技术支持： Technologies
Theatre Project Consultants
(Scénographie / 场景设计)
AVA（Acoustique / 舞台声学设计顾问）
L'Observatoire 1 (Lumière / 照明设计顾问)
Eco Cités (Economie / 经济估算)
LIVRAISON / 交工时间： 2007

Collège Guy Dolmaire
Guy Dolmaire Secondary School
居・多尔迈勒中学

74

MAITRE D'OUVRAGE / 业主： Conseil Général des Vosges 孚日省委员会
SURFACE / 建筑面积： 10 000 m²
ARCHITECTE ASSOCIÉ / 联合设计： O. Paré
BUREAUX D'ETUDES / 技术支持： Choulet, Sylva Conseil, BETMI
Gavrinis (Signalétique / 建筑标识)
Lucigny et Talhouet (Economie / 经济估算)
AVA (Acoustique / 舞台声学设计顾问）
LIVRAISON / 交工时间： 2004

Cité des Sciences et Technologies de Chongqing
Chongqing Museum of Science and Technology
重庆科技馆

78

MAITRE D'OUVRAGE / 业主： Chongqing Real Estate Group 重庆地产集团
SURFACE / 建筑面积： 40 000 m²
ARCHITECTE ASSOCIÉ / 联合设计： China Chongqing Architectural Design Institute / 重庆市设计院
LIVRAISON / 交工时间： 2009

Réhabilitation de la Maison de Radio France
Rehabilitation of the Maison de Radio France
法国广播电台大厦改造

82

MAITRE D'OUVRAGE / 业主： Maison de Radio France 法国广播电台
SURFACE / 建筑面积： 110 000 m²
BUREAUX D'ETUDES / 技术支持： Jacobs France
Eco Cités (Economie / 经济估算)
LIVRAISON / 交工时间： 2017

Musée des Sciences Naturelles du Tibet
Tibet Natural Science Museum
西藏自然科学博物馆

84

MAITRE D'OUVRAGE / 业主： Bureau de sciences et technologies du Tibet
西藏自治区科学技术厅
SURFACE / 建筑面积： 32 000 m²
LIVRAISON / 交工时间： 2014

Réhabilitation du Campus de Jussieu
Jussieu University Rehabilitation
巴黎第六大学改造

86

MAITRE D'OUVRAGE / 业主：EPAURIF
SURFACE / 建筑面积：100 000 m²
BUREAUX D'ETUDES / 技术支持：SETEC
Vulcaneo
Planitec
Eco-Cités (HQE et Economie)
AVA (acoustique)
LIVRAISON / 交工时间：2015

Bureaux et SOHO de la Porte Est de Ningbo
Ningbo East Gateway Office and SOHO Tower
宁波东部新城门户区办公楼

88

MAITRE D'OUVRAGE / 业主：Société Immobilière Hongtai de Ningbo
宁波宏泰房地产开发有限公司
SURFACE / 建筑面积：70 000 m²
LIVRAISON / 交工时间：2014

Centre de Recherche, de Développement et de Qualité du Groupe Danone
Research, Development and Quality Center of Danone Group
达能集团研究开发和质量中心

92

MAITRE D'OUVRAGE / 业主：Danone Vitapole
达能 Vitapole
SURFACE / 建筑面积：30 000 m²
BUREAUX D'ETUDES / 技术支持：Choulet
Martin
Babinot
Cyprium (Economie / 经济顾问)
AVA (Acoustique / 声学设计)
Françoise Arnaud (Paysage / 景观设计)
LIVRAISON / 交工时间：2002

Siège social de Wison Chemical à Zhangjiang
Wison Chemical Headquarters in Zhangjiang
惠生集团张江总部园区

96

MAITRE D'OUVRAGE / 业主：Wison Chemical
惠生（上海）工程有限公司
SURFACE / 建筑面积：139 830 m²
LIVRAISON / 交工时间：2013

Résidence Hôtelière de Jinqiao
Jinqiao Hotel Apartment
金桥酒店式公寓

100

MAITRE D'OUVRAGE / 业主：Jinqiao Group
金桥出口加工区联合发展有限公司
SURFACE / 建筑面积：54 790 m²
LIVRAISON / 交工时间：2012

Centre Culturel de Mascate
Muscat Cultural Center
马斯喀特文化中心

104

MAITRE D'OUVRAGE / 业主：Sultanat d'Oman
阿曼政府
SURFACE / 建筑面积：70 000 m²
ARCHITECTE ASSOCIÉ / 联合设计：Gulf Engineering
BUREAUX D'ETUDES / 技术支持：SETEC Bâtiment
Michel Desvigne (Paysage / 景观设计)
Eco Cités
(Stratégie environnementale / 环境战略)
AVA (Acoustique / 舞台声学设计顾问)
LIVRAISON / 交工时间：2016

Quartier mixte de la gare du sud
Southern Railway Station Complex
太原南站交通枢纽商业综合体

108

MAITRE D'OUVRAGE / 业主：Taiyuan High-Speed Railway Investment Co., Ltd.
太原高速铁路投资有限公司
SURFACE / 建筑面积：256 000 m2
ARCHITECTE ASSOCIÉ / 联合设计：Beijing Urban Construction Design & Development Group Co.,Ltd
北京城建设计研究总院有限责任公司
LIVRAISON / 交工时间：2015

Musée de la bicyclette de Chongming
Chongming Bicycle Park
崇明自行车公园

112

MAITRE D'OUVRAGE / 业主：Shanghai Chongming Dongtan Development Zone Management Committee
上海崇明东滩开发区管理委员会
SURFACE / 建筑面积：13 850 m²
CONCOURS / 竞标：2011, lauréat / 中标

Bibliothèque, Musée et Archives de Zhangjiakou
Library, Museum and Archives of Zhangjiakou
张家口市图书馆、博物馆和档案馆

116

MAITRE D'OUVRAGE / 业主：Zhangjiakou City Construction Development Group
张家口城市建设发展集团
SURFACE / 建筑面积：85 679 m²
CONCOURS / 竞标：2014, lauréat / 中标

Galerie d'Art Xie Zhiliu et Chen Peiqiu
Xie Zhiliu and Chen Peiqiu Art Gallery
谢稚柳陈佩秋艺术馆

118

MAITRE D'OUVRAGE / 业主：Société de Génie Civil de Shanghai Pufa
上海浦发工程建设管理有限公司
SURFACE / 建筑面积：11 000 m²
LIVRAISON / 交工时间：2014

Centre Hospitalier Universitaire de Caen
Caen University Hospital Center
卡昂大学医疗中心

122

MAITRE D'OUVRAGE / 业主：Société Nacre 2008 pour le compte du CHU de Caen
SURFACE / 建筑面积：36 000 m²
ENTREPRISE MANDATAIRE / 承包商：Quille
BUREAUX D'ETUDES / 技术支持：Jacobs
Babylone (Paysagiste / 景观设计)
AVA (Acoustique / 舞台声学设计顾问)
LIVRAISON / 交工时间：2009

Théâtre Daguan, Himalayas Center
Daguan Theater, Himalayas Center
喜马拉雅中心大观剧场

126

MAITRE D'OUVRAGE / 业主：Shanghai Zendai Himalayas Real Estate
上海证大喜马拉雅置业有限公司
SURFACE / 建筑面积：9 996 m²
BUREAUX D'ETUDES / 技术支持：Theater Project Consultant
(Consultant/ 顾问)
8'18", Lucent-Lit Lighting Design
(Lumière / 照明设计顾问)
Zhang Kuisheng/章奎生声学设计研究所
(Acoustique / 声学设计)
LIVRAISON / 交工时间：2013

Centre Hospitalier Sainte-Anne
Sainte-Anne Hospital Center
巴黎圣安娜医疗中心

130

MAITRE D'OUVRAGE / 业主：Centre Hospitalier Sainte-Anne
圣安娜中央医院
SURFACE / 建筑面积：10 901 m²
BUREAUX D'ETUDES / 技术支持：Sfica
Méristème (Paysage / 景观设计)
Eco Cités (Economie / 经济顾问)
LIVRAISON / 交工时间：2012

Club Med de Sanya
Sanya Club Med Resort
三亚地中海度假村

134

MAITRE D'OUVRAGE / 业主：Sanya West Island Tourism Company
三亚西岛旅游开发有限公司
SURFACE / 建筑面积：148 000 m²
CONCOURS / 竞标：2012

Hôtel Rotana
Rotana Hotel
罗塔纳酒店

136

MAITRE D'OUVRAGE / 业主：Emirates Tourism Investment Company
阿联酋旅游投资集团
SURFACE / 建筑面积：45 300 m²
BUREAUX D'ETUDES / 技术支持：Sigma
SETEC TPI
SETEC Bâtiment
(Construction / 工程)
T/E/S/S (Facade / 立面工程)
8'18" (Lumière / 灯光设计)
AVA (Acoustique / 声学设计)
LIVRAISON / 交工时间：2014

Parlement Européen 142
European Parliament
欧洲议会大厦

MAITRE D'OUVRAGE / 业主： S.E.R.S.
SURFACE / 建筑面积： 220 000 m²
ARCHITECTE ASSOCIÉ / 联合设计： G.Valente
BUREAUX D'ETUDES / 技术支持： Sogelerg
G.I.L. (O.T.E.Ingénierie,Serue, E.T.F.)
LIVRAISON / 交工时间： 1999

Le Fort Numérique 146
The Digital Fort
数码要塞智能化住宅区

MAITRE D'OUVRAGE / 业主： Ville d'Issy-les-Moulineaux
伊西-莱-穆利诺市
SURFACE / 建筑面积： 120 000 m²
AMENAGEUR / 开发商： SEMARI
PROMOTEURS / 投资方： Bouygues Immobilier, Kaufman&Broad, Meunier, Elige, SNI
BUREAUX D'ETUDES / 技术支持： Méristème (Paysage / 景观设计)
LIVRAISON / 交工时间： 2013

Pôle Culturel de Saint-Malo 148
Saint-Malo Cultural Hub
圣马洛文化中心

MAITRE D'OUVRAGE / 业主： Ville de Saint-Malo
圣马洛市
SURFACE / 建筑面积： 6 500 m²
BUREAUX D'ETUDES / 技术支持： Arcoba
T/E/S/S
8'18
Eco-Cités (Economie / 经济顾问)
AVA
Vivié&Associés
(Acoustique / 舞台声学设计顾问)
LIVRAISON / 交工时间： 2014

Caisse d'Epargne Aquitaine Poitou-Charentes 152
Caisse d'Epargne Aquitaine Poitou-Charentes
阿奎丹和普瓦图-夏朗德大区储蓄银行总部

MAITRE D'OUVRAGE / 业主： Bouygues Immobilier
SURFACE / 建筑面积： 11 128 m²
BUREAUX D'ETUDES / 技术支持： Khephren (Structure / 结构顾问)
Socotec (Contrôle Sécurité / 安全审核)
Alto Ingénierie (Environnement / 环境顾问)
LASA (Acoustique/ 舞台声学设计顾问)
LIVRAISON / 交工时间： 2016

Centre de Services de Teda Huigu 154
Teda Huigu Services Center
泰达慧谷产业服务中心

MAITRE D'OUVRAGE / 业主： Tianjin Economic-Technological Development Area
天津经济技术开发区管理委员会基本建设中心
SURFACE / 建筑面积： 109 800 m²
CONCOURS / 竞标： 2013, lauréat / 中标

Ilot de la Porte Qilu de Jinan 156
Jinan Qilu Gate Blocks
济南齐鲁之门东商业综合体

MAITRE D'OUVRAGE / 业主： Jinan Planning Bureau
济南市规划局
SURFACE / 建筑面积： 13.37 Ha
CONCOURS / 竞标： 2012, lauréat / 中标

Ville Nouvelle de Deh Sabz 160
New City of Deh Sabz
德赫萨卜兹新城

MAITRE D'OUVRAGE / 业主： Gouvernement Afghan
阿富汗政府
SURFACE / 建筑面积： 400 000 000 m²
BUREAUX D'ETUDES, PARTENAIRES / 技术支持 合作伙伴： Franor, Composante Urbaine, Eaux de Paris, Partenaires Développement, DEERNS (Pays-Bas), Certu, Pierre et Micheline Centlivres, AVA, Urbanistes du Monde
ETUDES / 研究时间： 2007-2008

ZAC Parc Marianne 164
Marianne Park Urban Development Zone
玛丽亚公园城市发展区

MAITRE D'OUVRAGE / 业主： Ville de Montpellier,
蒙彼利埃市，SERM
SURFACE / 建筑面积： 80 Ha
7 Ha (1ère phase / 一期)
ARCHITECTE ASSOCIÉ / 联合设计： Imagine
BUREAUX D'ETUDES / 技术支持： Egis
Traverses (Paysage / 景观设计)
LIVRAISON / 交工时间： 2010 - 2018

Développement Urbain de Moskovsky 168
Urban Development of Moskovski
莫斯科夫斯基城市发展规划

MAITRE D'OUVRAGE / 业主： SPB Renovation
SURFACE / 建筑面积： 133 Ha
LIVRAISON / 交工时间： 2012

Aménagement Paysager des Espaces Publics de Lusail 170
Lusail Landscape Design of Public Spaces
路萨尔公共区域景观

MAITRE D'OUVRAGE / 业主： Lusail Real Estate Development Company - Qatari Diar
PAYSAGE / 景观设计： Michel Desvigne
BUREAUX D'ETUDES / 技术支持： Sogreah (fluides / 流线设计)
RFR (Structure, facade / 结构与立面)
BWS (Economiste / 经济师)
AIK - Yann Kersalé (Lumière / 灯光设计)
Artelia (Infrastructures / 基础建设)
LIVRAISON / 交工时间： 2011 - 2020

Axe Central de la Nouvelle Ville de Jinan 174
Central Axis in Jinan Western New City
济南西部新城中轴线

MAITRE D'OUVRAGE / 业主： Groupe d'investissment et de développement Xicheng
济南市西城投资开发有限公司
SURFACE / 建筑面积： 407 Ha
CONCOURS / 竞标： 2013, lauréat / 中标

Quartier de Zhonggulou de Taiyuan 178
Taiyuan Zhonggulou Disctrict
太原钟鼓楼地区修建性规划

MAITRE D'OUVRAGE / 业主： Centre d'urbanisme deTaiyuan, Centre d'investissement en construction et développement de Xinlongcheng
太原市规划编制中心、龙城新区开发建设投资中心
SURFACE / 建筑面积： 57 Ha
CONCOURS / 竞标： 2009, lauréat / 中标

Complexe Urbain de Taierzhuang 180
City Complex of Taierzhuang
台儿庄城市综合体

MAITRE D'OUVRAGE / 业主： Zaozhuang Planning Bureau
枣庄市规划局
SURFACE / 建筑面积： 191 Ha (Surface à aménager / 规划面积)
100 000 m² (Surface à construire / 建筑面积)
COMMANDE / 委托设计： 2011

Parc de Recherche & Développement de Jinqiao 182
Jinqiao Research & Development Park
金桥研发楼园区

MAITRE D'OUVRAGE / 业主： Jinqiao Group
金桥集团
SURFACE / 建筑面积： 41 300 m²
LIVRAISON / 交工时间： 2008

Avenue du Roi Abdul Aziz 184
King Abdul Aziz Avenue
阿卜杜勒・阿齐兹国王大道

MAITRE D'OUVRAGE / 业主： Mecca Development and Construction Company, Millennium Development
SURFACE / 建筑面积： 294 Ha
CONCOURS / 竞标： 2002, lauréat / 中标

(as).ARCHITECTURE-STUDIO

PARIS / 巴黎

SHANGHAI / 上海

BEIJING / 北京

AS.Architecture-Studio, créé à Paris en 1973, regroupe aujourd'hui, près de deux cent collaborateurs, architectes, urbanistes, designers et architectes d'intérieur de 25 nationalités, autour de douze architectes associés: Martin Robain, Rodo Tisnado, Jean-François Bonne, Alain Bretagnolle, René-Henri Arnaud, Laurent-Marc Fischer, Marc Lehmann, Roueïda Ayache, Gaspard Joly, Marica Piot, Mariano Efron, Amar Sabeh El Leil. La présence d'AS.Architecture-Studio est particulièrement soutenue à international avec une implantation à Paris, Shanghai, Beijing, Venise et Saint-Pétersbourg.

AS.Architecture-Studio définit l'architecture comme "un art engagé dans la société, la construction du cadre de vie de l'homme" dont les fondements se basent sur le travail en groupe et le savoir partagé, la volonté de dépasser l'individualité au profit du dialogue et de la confrontation, transformant l'addition des savoirs individuels en un potentiel créatif démultiplié.

La présence d'AS.Architecture-Studio est particulièrement soutenue en Chine, avec une agence permanente à Shanghai (depuis 2004) et à Beijing (depuis 2007), dirigées respectivement par Nicolas Papier et Li Shuwen. Composée de soixante dix personnes, AS.Architecture-Studio Chine a pour objectif de poursuivre la philosophie élaborée par la maison mère, en alliant l'esprit et les compétences des deux cultures, française et chinoise.

Founded in 1973 in Paris, AS. Architecture-Studio brings together about 200 architects, urban planners, designers, interior designers and quantity surveyors of about 25 different nationalities, around its 12 partners: Martin Robain, Rodo Tisnado, Jean-François Bonne, Alain Bretagnolle, René-Henri Arnaud, Laurent-Marc Fischer, Marc Lehmann, Roueïda Ayache, Gaspard Joly, Marica Piot, Mariano Efron, Amar Sabeh El Leil. The studio is based in Paris, Beijing, Shanghai, Venice and St. Petersburg.

AS.Architecture-Studio defines architecture as "an art involved with society, the construction of mankind's living environment", based on group work and shared knowledge. The ambition to go beyond individuality and to favor dialogue and debate transforms individual knowledge into increased creative potential.

The international presence of AS. Architecture-Studio is particularly strong in China, with two permanent offices in Shanghai (since 2004) and in Beijing (since 2007) managed respectively by Nicolas Papier and Li Shuwen. AS. Architecture-Studio China, which employs 70 architects, pursues AS. Architecture-Studio's philosophy. It combines the mindset and skills of the French and Chinese cultures.

于1973年在巴黎创办的法国AS建筑工作室在工作室12位建筑师合伙人(马丁·罗班、罗多·蒂斯纳多、让-弗朗索瓦·博内、阿兰·布勒塔尼奥勒、勒内-亨利·阿尔诺、罗朗-马克·菲舍尔、马克·勒曼、罗伊达·阿亚斯、贾斯帕·朱利、玛丽卡·碧欧、马里亚诺·艾翁和艾马·萨布埃雷)的周围团结了一支由25个不同国籍的优秀建筑师、城市规划师、室内设计师及成本评估师等200多名成员组成的专业团队。法国AS建筑工作室的作品遍布世界各地，除巴黎外，在北京、上海、威尼斯和圣彼得堡皆设有分支机构。

法国AS建筑工作室将建筑和城市规划定义为"与社会密切关联的艺术，同时也是建设人类生活的构架"。最根本的就是建立在团队合作、分享经验，通过团队成员的沟通和交流，将个人的感知转化成更强大的集体潜在创造力。

法国AS建筑工作室特别在2004年和2007年在中国成立了上海和北京永久事务所，分别由倪古拉先生和李书雯女士负责，更加强了它在国际市场的影响力。中国的这两个事务所由70多位建筑师组成，他们延续了法国AS建筑工作室的设计理念及工作方式，并与巴黎总部紧密联合将中法两国的精神理念和文化特点融合在一起。

CA'ASI LA MAISON COMMUNE D'ARCHITECTURE STUDIO A VENISE

CA'ASI
Ca'asi
建筑师之家

www.ca-asi.com

AS. Architecture Studio a fondé la CA'ASI à Venise en 2010 pour promouvoir le dialogue entre architecture et art contemporain. Ouvert à tous les amateurs d'architecture contemporaine, le palazzo CA'ASI est un laboratoire de réflexion(s) urbaine(s), architecturale(s) et artistique(s), afin de rendre le débat professionnel accessible au plus grand nombre. Il accueille des expositions d'artistes et d'architectes contemporains, notamment dans le cadre des Biennales de Venise, mais aussi des conférences et événements.

The CA'ASI is a cultural space and association founded by AS.Architecture-Studio in 2010 as a means of promoting contemporary arts and architecture through the organization of exhibitions, seminars, debates or artistic interventions. This venue, located Campiello Santa Maria Nova in the heart of Venice, functions like a laboratory open to all those who want to share, dialog and confront their ideas and make professional debate available for the general public. The CA'ASI benefits from the incredible cultural dynamism and creativity of Venice and strives, through its programming, to echo, enrich and interact with the Architecture and Biennales which bring together, every year, a vibrant, curious and multi-cultural audience.

法国AS建筑工作室于2010年在意大利威尼斯建立了“CA' ASI”（建筑师之家），旨在通过组织展览、研讨会、辩论及艺术活动推动建筑和现代艺术之间的对话。CA' ASI坐落在威尼斯城中心的圣玛丽亚诺瓦小广场，是一个向所有现代建筑爱好者开放的实验室，在这里对于城市、建筑和艺术的思考汇聚在一起，为更多的人提供了分享、交流、探讨的场所。CA' ASI也融入威尼斯双年展热烈的文化活力和创造力氛围中，它在双年展框架下举办的各种活动每年都吸引着大量多文化背景的热情观众，呼应、丰富双年展的主题并与之产生多样的互动。

Auteur / Author / 作者:
AS.ARCHITECTURE-STUDIO
法国AS建筑工作室

Coordination éditoriale / Editorial coordination / 协调编辑:
Wang Yun / 王韫, Vanessa Clairet
Song Yingyu / 宋颖钰, Emilia Etcheberry, Chang Qi / 常琦

Introduction / Introduction / 序言:
Cyrille Poy
Wu Jiang / 伍江

Conception graphique / Graphic design / 平面设计:
Wang Yun / 王韫

Traducteur / Translator / 翻译:
Wang Yun / 王韫, Nicholas Harding,
Song Yingyu / 宋颖钰, Chang Qi / 常琦

Crédits iconographiques / Graphic Credits / 图片提供 :
Tous les visuels / All images / 所有图片 :
AS.Architecture.Studio © ADAGP
Shu He / 舒赫 : P56-61, P76-79
Nikos Danilidis : P18-21
Patrick Tourneboeuf : P22-25
Olivier Marceny : P26-29, P40-43, P94-101, P124-127
Jean-Marie Monthiers : P30-31
Georges Fessy : P32-37-38-39, P140-143
Novum Paillet : P39
Guillaume Herbaut : P44-46, P148
Nicolas Buisson : P48-53-54-55 P120-123
Luc Boegly : P68-71
Christophe Bourgeois : P72-75
Gaston Bergeret : P44-46, P148, P90-93
Takuji Shimmura : P38, P128-131
Rothan : P140-143
Olivier Wogenscky : P144-145
Willy Berré : P149
Benoit Werhlé : P164
Tristan Dupuis : P181
Autres photographies / Others / 其他图片 :

图书在版编目(CIP)数据

别样营造：50项50想 / 法国AS建筑工作室编著. --
天津：天津大学出版社，2014.10
ISBN 978-7-5618-5220-0

Ⅰ. ①别… Ⅱ. ①法… Ⅲ. ①建筑设计－作品集－世界－现代 Ⅳ. ①TU206

中国版本图书馆CIP数据核字(2014)第242110号

策划：《MARK国际建筑设计》
地址：北京市朝阳区广顺南大街16号嘉美中心写字楼825
电话：010-84775690
邮箱：info@designgroupchina.com
责任编辑：路建华

出版发行：天津大学出版社
出版人：杨欢
地址：天津市卫津路92号天津大学内（邮编：300072）
电话：022-27403647（发行部）
网址：publish.tju.edu.cn
印刷：北京华联印刷有限公司
经销：全国各地新华书店
开本：240mm x 320mm
印张：12
字数：300千
版次：2015年1月第1版
印次：2015年1月第1次
定价：99.00元